データの裏が見えてくる
「分析力」超入門

おもしろ経済学会［編］

青春出版社

今日から「読みがいい人」になれるテクニックが満載！

データや数字、グラフなどの情報をキチンと読んで、正しく判断できるようになると、仕事力に革命的な変化がもたらされます。そのために身につけておきたい基本スキルこそが本書で取り上げる「分析力」です。この本では難しい数式などはいっさい使わずに、今日から使える分析のコツとポイントを大公開しました。

たとえば、新聞の見出しを飾る数字をどう読み解くべきか、どんなターゲットにむけてどういう商品をアピールすべきか、現状の問題点をどう解決し、10年後のビジネス戦略をどう描くのか…？

分析力を身につけることで、こうした物事を、一段階深いレベルで考えることができるようになり、決断力や問題解決力、戦略的思考力などの総合的な仕事力が確実にアップするはずです。

「読みがいい人」になれる目からウロコのテクニックをぜひ実践してみてください。

２０１３年12月

おもしろ経済学会

データの裏が見えてくる「分析力」超入門◆目　次

プロローグ　「分析力」はビッグデータ時代の最強ツール　13

Chapter 1 「分析力」が身につくキホンの心がまえ 29

Chapter 2

Chapter 3 どんなデータも思いのままに操れる秘密のキーワード 95

Chapter 5 本当の分析力を身につける最強のキーワード 149

◆カバー写真提供　ＫＰＧ／イメージナビ
◆本文ＤＴＰ　ハッシィ
◆製作　新井イッセー事務所

プロローグ

「分析力」はビッグデータ時代の最強ツール

大量のデータがあふれる時代をどう生きるか

ブルーレイディスクで10億枚分のデータ

スマートフォンやタブレット型端末などが急速に普及したおかげで、誰もがインターネットに接続できる環境をポケットやカバンに入れて持ち歩けるようになった。

しかも、それらを使ったツイッターやフェイスブックなどのソーシャルメディアの利用者が世界中で爆発的に増えていて、24時間、常に誰かが目や耳にしたことをつぶやいたり、映像や動画をアップしている。

今までならプライベートな空間で交わされていた会話や個人的な日記が、インターネット上にどんどん蓄積されるようになったのだ。

さらに、インターネットにつながればどこにいてもネットショップで買い物ができるようになり、買い物の履歴などのデータも大量に保存される。

そんなインターネット上で生み出されているデータは、じつに2・5エクサバイトもある。ブルーレイディスクにしてなんと10億枚分という膨大なものだ。それが、全世界で毎日あふれ出ているのだ。

また、街を見渡してみれば、防犯カメラのセンサーや自動車に搭載されたETC、携帯電話のGSP機能などにもさまざまなデータが記録されている。

そんな大量のデータから暮らしの安全や企業経営に役立てたり、トレンドを予測していこうというのがビッグデータの活用である。

具体的には、自動車の渋滞を緩和してスムーズに移動できる効率のいい都市づくりや、犯罪の事前防止に生かす試みが始まっており、マーケティング戦略に活かしている企業もすでにある。また、農業の分野では日々の農作業や気象情報などをデータ化して高品質な農作物を栽培したり、医療分野でも情報を管理、分析して、新薬の開発や医療ミスの防止などに役立てることも検討されているのだ。

ビッグデータの市場規模は7・7兆円ともいわれている。

一見、このつながりのないような膨大なデータにどれだけの価値が見出せるか。それはまさにアイデアしだいなのである。

ビッグデータを使いこなしている会社の意外な共通点

本業で得た〝副産物〟で動向を探る

ビッグデータの活用などというと、ちょっと敷居が高いような気がして思わず身構えてしまう人もいるかもしれない。

だが、消費者と直接取引を行っているような業種では、じつは以前から膨大な顧客情報をマーケティングやキャンペーン企画などに活用している。

たとえば、小売や金融、インターネット企業などがそうだ。

商品をネットで注文すれば宅配をしてもらえるネットスーパーは、ユーザーが注文した時点でそれがそのまま「情報」となる。その情報を収集していければ、どんな時期にどのような品揃えにすれば消費者に喜ばれるかがわかり、さらにはユーザーの購入履歴を分析しておすすめ情報を配信することもできる。

このように毎日、蓄積されていくデータを活用することで、企業側、消費者側のどちらにも大きなメリットがある戦略を立てることが可能になるのだ。

また、クレジットカード会社などの金融業であれば、入会時に住所や氏名、年齢、職業などの基本的な情報が入手できる。

さらに、ユーザーがカードで決済すれば、どんな年齢層の人がいつ、どこで、何を、いくつ、いくらで購入したかといったデータも自動的に集めることができるのだ。

早くからこのようなデータの価値に気づいていたクレジットカード会社では、こうして収集した顧客データを処理して分析し、統計化したものを消費者動向の資料として活用している。つまり、本来の事業で得たデータという〝副産物〟を活用して、消費者動向の総合研究所のような役割も担うようになっているのだ。

そういう意味では、どんな企業にも眠ったままで活用されていないデータは少なからずあるはずだ。

さまざまな情報が付加価値を持ち、新たな事業戦略を創造する時代が来たということなのである。

「情報」こそがビジネスチャンス
――携帯電話会社のケース

防災計画から出店プランまで計算できる

携帯電話やスマホは、いつでもどこに行くにも持ち歩かなければ落ち着かないという人は多いに違いない。

だが、その携帯電話やスマホを肌身離さず持ち歩いていることによって、携帯電話会社に自分の現在位置が常に把握されているということを意識している人は、あまり多くはないはずだ。

じつは、携帯電話会社は自社の通信状況を確認する必要があるため、基地局内に今、何人のユーザーがいるかを常時チェックしている。

つまりそれは、各エリア内での人の動きを確認するための情報を扱っているということでもある。

そこで、携帯電話会社ではこうした情報から個人を特定できる情報を除いてデータを加工し、そのデータを災害などの危機管理に活用しようとしている。

人の動きは時間帯や曜日によっても変化する。たとえば、ウィークデーの昼間ならオフィス街に人口が集中し、夜や週末は住宅街に分散される。人口が密集する地域も季節などによって異なってくる。

このような変化を事前に把握しておくことで、たとえば大災害が起きたときにどれくらいの帰宅困難者が発生するのかが推定できるようになる。そのデータをもとに防災計画をつくり、大災害に備えるわけだ。

また、人口の移動状況を知ることができれば、小売店や飲食店にとってもメリットは大きい。携帯電話番号からユーザーの年齢層がわかれば、特定のエリアに集まる客層がイメージできるので効率的な出店計画が立てられるうえ、品揃えの見極めに悩むことも少なくなる。そうすれば、飲食店であればメニューの構成にも役立てられるし、ムダのない食材の仕入も可能になるのだ。

携帯電話会社のビッグデータは、計算された街づくりに貢献するといっても過言ではないのである。

「情報」こそがビジネスチャンス
――通販会社のケース

趣味や思考もデータ化されていく

一度その便利さを体験してしまったら、クセになってしまうのがインターネット通販である。

店まで行って選んでいる時間がないときでもクリックひとつで欲しかったものが購入できるし、お祝いなどの贈り物にも対応してくれる。

さらに、さまざまなメーカーの商品を比較検討したいときには、実際の使用者のレビューも参考にしながら商品が選べる。こんなに便利なシステムはないだろう。

ところで、ネットショップで買い物をしたあとに、まったく関係のないサイトを開いているのに、なぜか今まで見ていたネットショップの広告が出ていることに気づいたことはあるだろうか。

しかも、そこに表示されているのは、それまで自分が見ていた商品のジャンルまで同じだったりする。じつは、これこそがビッグデータ活用の典型的な例なのだ。

これは、そのショップの利用者の購入履歴を蓄積し、その人の嗜好や興味のあるものを分析して一人ひとりに最適と思われる情報提供を行っているのである。

また、買いたい商品を買い物カゴに入れると、「この商品を買った人はこのような商品をチェックしています」などというメッセージとともに関連商品が表示されるシステムや、同じようなおすすめ情報がメールで届くサービスもある。

これらは「レコメンデーション」というサービスで、もちろん各利用者の購買履歴を分析し、その人にとって価値のあるおすすめ情報を解析して表示しているのだ。

このようなピンポイントの情報提供によって利用者の購買意欲は刺激され、メーカーや小売店は、今までのように不特定多数の人にメッセージを届けるための大々的な広告を何度も打つ必要がなくなる。

そのため、ムダな宣伝広告費を抑えることができ、さらに戦略的なアプローチも可能になる。ビッグデータ活用で、企業の経営戦略を根底から変えることができるのだ。

ビッグデータの活用が、日本の農業を大きく変える!

後継者不足をカバーする

種をまき、農作物を育てて収穫するためには、ただ成長するのを見ていればいいというわけではない。それぞれの作物に合った農地を選び、水を管理し、定期的に肥料を与えたり、雑草や害虫を取り除くといった世話も必要になる。

このような農業の技術や知恵は、これまでは人から人へと受け継がれ、経験とともに育まれてきた。

だが、日本では農業人口は高齢化が進んでいて、2013年現在の農業就業者はおよそ240万人で、平均年齢は約65歳になっている。多くの農家が後継者不足に陥っているのだ。

そんな後継者不足を補うべく、今ビッグデータを活用した農業技術の継承が行われ始めた。

その方法とは、まずタブレットやスマートフォンを使ったデータ収集から始まる。日々の農作業を記録するだけでなく、田んぼや畑にカメラつきのセンサーを取りつけて気象状況や温度、湿度、土の水分量などをデータ化していくのだ。

こうして集めたデータを解析することで、それぞれの作物に最適な栽培方法を導き出し、上手に栽培するためのノウハウを蓄積することができるのである。

しかも、このビッグデータを農業従事者やＪＡなどの営農指導者が共有することによって、さらに農業の可能性を広げることにもなるはずだ。

また、最も適した農業プロセスを提供できるようになるので、コストダウンや収益増が見込めるようにもなる。農業が収入的にも魅力ある職業になれば、未経験でも農業にチャレンジしようとする人が増えることも考えられる。

このような農業のビッグデータ活用は、ＴＰＰへの参加を表明している現政権のテコ入れもあって順調に進んでいる。品質のよいメイド・イン・ジャパンの農作物をつくり、輸出を拡大させようというのがその狙いだ。

日本の農業は、ＩＴ技術によって大きな転換期を迎えているのである。

病気のリスク判定から新商品開発まで、医療に迫る革命とは？

糖尿病の発症リスクを予防

不規則な生活を重ねていると人間の体にはどのような異変が起こるのか、自分の肌と年齢に合った化粧品の選び方は——。膨大なデータを解析すれば、このような疑問も瞬時に解決するかもしれない。

さまざまな人間の体の情報を集めたビッグデータは、医療分野でもその活用が期待されている。そのひとつが生活習慣病の予測だ。

超高齢化社会の到来が近づくにしたがって、糖尿病や高血圧、脳卒中などの生活習慣病患者は年々増えているが、これらの病気が発症するかどうかは毎日の生活習慣が大きく影響している。

そこで、ビッグデータを活用するためのコンテンツを提案しているある企業では、

◆ビッグデータを使った健康情報分析サービス

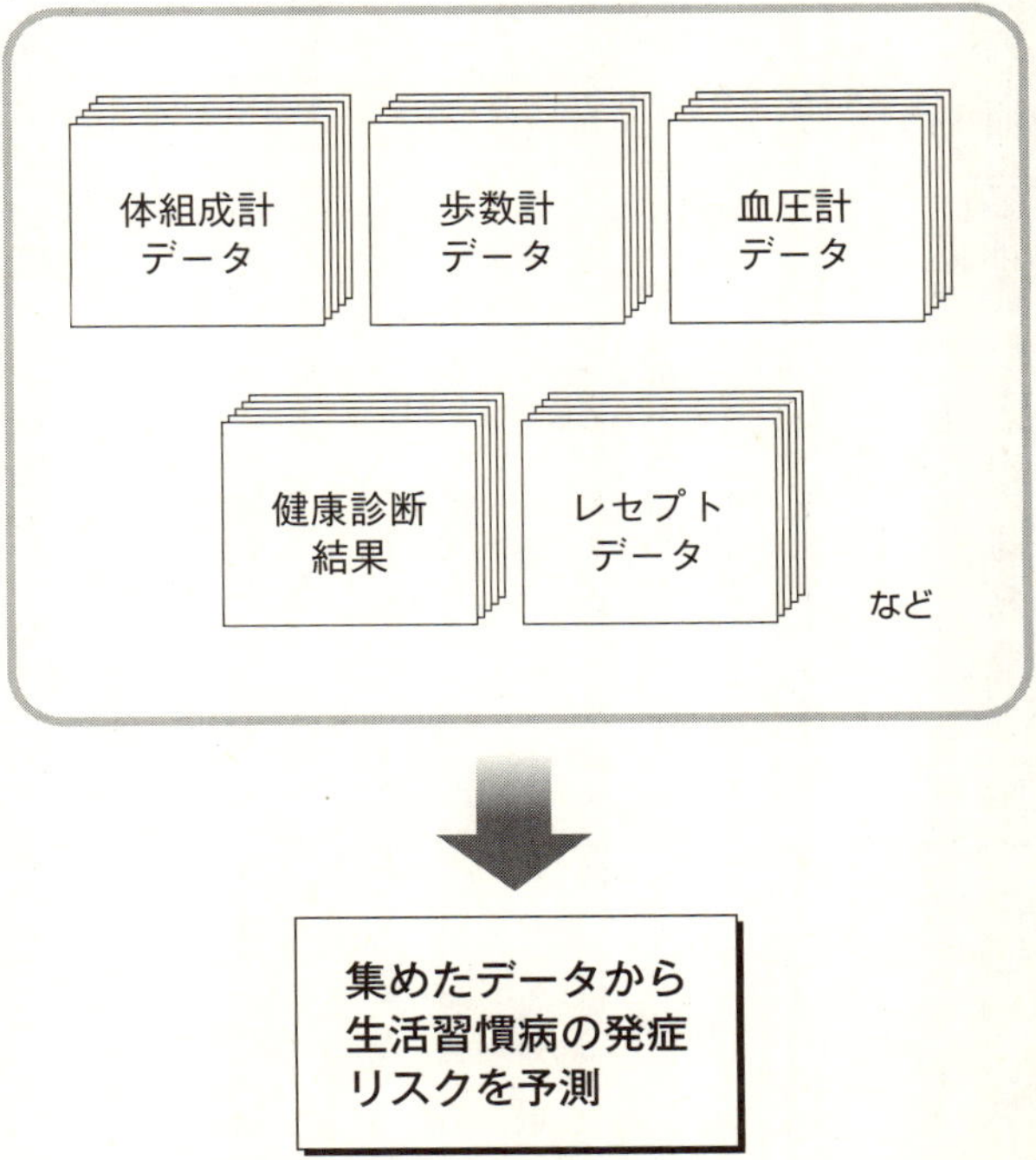

社員2500人が自らの健康データを提供して実験を行っている。

体組成や歩数、血圧などのデータと年に一度の健康診断結果を組み合わせてデータを解析し、医学をまったく介さずに糖尿病の発症リスクを判定したのだ。

その結果、医学的な検査を受けたときの結果と変わらない確かさで、糖尿病の発症リスクを予測することができたという。

このようなシステムが社会全般に行き渡れば、病気の発症の予防になり、医療機関の負担を減らすことができるうえ、政府の財政を圧迫している医療費の削減にもつなげることができる。

ビッグデータの解析が、さまざまな医療の問題を解決する糸口になるのだ。

また、美容分野でもデータの蓄積と解析が進んでいる。たとえば、自分の肌をスマートフォンのカメラで撮影すると、肌の状態を測定できるというサービスだ。

ここから得られる膨大な量の肌データと、紫外線や花粉などといった肌にダメージを与える情報を組み合わせて解析すれば肌のトラブルを防ぐこともできる。

また、解析したデータを化粧品や健康食品メーカーに提供することによって、消費者に望まれる商品開発も可能になるのである。

すべてのデータのうち、“お宝”は2割に眠っている

「構造化データ」「非構造化データ」とは？

現代社会には膨大なデジタルデータがあふれ返っている。2020年には人間が生み出す総データ量が35ゼタバイト（1ゼタバイト＝約10垓《がい》バイト）に膨れ上がるという予測があるほどだ。

データ量が増えれば、それだけ有効な情報も集めやすいと思うかもしれないが、しかしコトはそう単純にはいかない。

デジタルデータには「構造化データ」と「非構造化データ」という2種類がある。企業が日頃から扱っているような顧客情報や販売データは構造化データにあたり、これらはデータベース化しやすく、またそれらを使った分析も容易だ。

問題は非構造化データのほうである。ここには電子メールや画像、ツイッターや

フェイスブックの書き込み、オンライン・ショッピングの履歴などのあらゆるデータが含まれる。

つまり、この非構造化データを整理・分析するのがかなり難しいのだ。

たとえば、「ヤバい」というフレーズがつぶやかれたとしても、それが危ない状況を表しているのか、それともおいしいとか感激したといういい意味での使われ方をしているのか、シチュエーションごとの判断が必要になってくるのだ。

しかも、ビッグデータの8～9割は非構造化データだといわれるほど、その量が多いのである。

統計学では数量で測ることができるものを「量的データ」、感想や感覚といった数で表せないものを「質的データ」と呼ぶのだが、非構造化データの大部分は後者の質的データが占めているといってもいいだろう。

ただ、質的データは簡単に分析できないとはいえ、次のトレンドにつながっていく可能性もある。それをどう活用するのかは、利用者の能力にかかっている。大量の情報の中から何をピックアップすればいいのかを見極めることが重要なのだ。

Chapter 1

「分析力」が身につく
キホンの心がまえ

自分の中の〝ふつうの感覚〟をあなどってはいけない

自分の〝感じ〟を数字で証明してみる

毎日、同じ駅から同じ電車に乗って、いつもの道を歩いて通勤しているという人は多いだろう。

何年も同じような日々を送っているのをつまらないと感じる人も多いかもしれないが、じつは、そんな行動こそ統計学でいうところの大切な「ふつうの感覚」を磨くチャンスなのだ。

なぜなら、同じ時間に同じところを通るというのは、いわば定点観測のようなものだからだ。

たとえば、電車の乗客を見ていて「女性より男性のほうが肥満率が高い気がする」とか、「朝の通勤電車に乗っている小学生の数が増えた」などと感じることは、同じ条件のもとで比較しなくては気づくことはできない。

このような微妙な変化を察知する感覚を磨けば、ビジネスなどで相手を説得するためのいい素材になるのだ。

もちろん「最近は、女性より男性のほうが肥満率が高いのではないかという気がします」と言ったところで、その〝感じ〟を相手に受け入れてもらえなければ説得力に欠けてしまう。

そこでデータの出番である。つまり、日常生活で得た〝感じ〟を数字で客観的に証明してみるのだ。

まずは、自分が感じたことを公的なデータとつき合せてみてもいい。

男性の肥満率が気になるのであれば、日本人男性の体重増加率の推移を見てみたり、朝の通勤電車に乗っている小学生の数が気になるのであれば、その地域の私立と公立小学校の入学者数の変化などが役に立つかもしれない。

実際、自分が感じた変化と統計学が示す数字に、驚くほどかけ離れた結果が出ることはほとんどない。

このようなちょっとした訓練で分析センスを磨くことができるのだ。

風景を眺めるように、データの〝印象〟をぼんやりつかむ

細かい数字を見てはいけない

データ分析というと、膨大な数字を統計学に基づいて解析していくようなイメージを抱いている人もいるかもしれない。

ビッグデータ時代を迎え、こういった「分析力」は今後ますます重要になるだろうが、実際に使える分析力を身につけるためには、まずはグラフや表を見たときにざっくりとした印象をつかめるようにすることをめざしたい。

たとえば、ここにデザインは似ているものの、素材や機能の異なる手袋が売られているとしよう。価格は500円、1000円、2000円、3000円、4000円、5000円の6種類だ。

それらの売上げ個数を集計してみたら、最大の売れ筋は2000円の商品で、次

に3000円のものがよく売れている。最も安い500円と最も高い5000円はあまり売れていないという結果になった。

これを棒グラフに落とし込んでみると、グラフは2000円の手袋を頂点にしたちょっと左寄りの山型になっているはずである。

そこからわかることといえば、中間の値段のもの、つまり〝そこそこ〟の値段の商品が売れ、安すぎたり高すぎたりするとあまり売れ行きはよくないということだ。

このように説明すると、あまりも大雑把過ぎると思うだろうが、極端にいえば、分析の基本とはこの〝全体の感じ〟がわかることなのである。

また、ある変化の推移をまとめたグラフであれば、グラフの形が右肩上がりであれば成長期にあり、水平であれば成熟期、V字型なら衰退期から回復したことなどがわかる。

そのデータが表している情報から何かを感じとれるようになれれば、そこから次にどのような戦略を立てればいいのかも見えてくる。

まずは、細かい数字に惑わされずに、ぼんやりと風景でも眺めるようにより多くのグラフを眺めることから始めてみよう。

世の中で起きていることに、正しい答えがあるとは限らない

1+1=2とは限らない

専門家の話を聞いたりニュースの解説記事などを見ていると、その根拠となるデータの出所は、総務省統計局や農林水産省などの省庁をはじめ、各業界団体などが公表しているものであることが多い。

そんな公的なデータをもとに、「現在の日本は○○であり、今後は△△になるだろう」などと結論づけられていると、つい何の疑いも持たずに納得してしまいがちだ。

だが、実際にはほとんどの場合、その見立てどおりになるわけではない。

たとえば、「少子化によって日本の人口は減少する。これを食い止めるためには婚外子を認めるべきだ」という意見があるが、婚外子を認めたところで母親が働き

やすい環境がなければ出生率は増えないとも考えられる。

どれだけ信頼できるデータに基づいて専門家が出した結論であっても、それを加工する段階で、その人の見立てに合った結論になるように〝工夫〟が凝らされていることがあるからだ。

つまり、同じデータを素材にしていたとしても、違う人が見れば異なった結論になることは十分に考えられる。この世の中で起きていることには、算数の「1＋1＝2」のような正しい答えがいつもあるとは限らないのだ。

だから、専門家が言っていたからとか、新聞に書いてあったからという理由だけですべてを鵜呑みにしてはいけない。

もし、その結論が自分の感覚とズレていると感じたら、根拠となったデータや数値を自分の目で確認してみることだ。自分が感じていることを仮説としてデータを分析していけば、自分の力で自分なりの結論にたどり着くことができる。

人は、他人の言葉を批判することなく受け入れてしまう傾向があるが、「その通りだ」と判断する前に、それは本当に正しいのか、自分はどう思うのか、どうすべきかを分析してみることが大切なのである。

データの裏側には、誰も気づいていない〝物語〟が隠れている！

自分なりの〝裏読み術〟を身につける

新聞の経済欄を見てみると、そこにはさまざまな企業のデータが大きく見出しとして踊っている。

「営業利益2割増！」とか「最終赤字600億円」などと、それだけを見るとただの味気ない数字だが、このデータの裏には〝大きな物語〟が隠されているのだ。

いうまでもなく企業は日々活動している。世の中の状況を判断しながら競合他社の動向にも注視し、顧客によりよいアプローチをするためのさまざまな戦略のもとで利益を出すべく努力している。

にもかかわらず、順調に業績を伸ばしている企業があれば、苦戦を強いられている企業もあるのが現実だ。

◆数字の裏にある物語を考えてみる

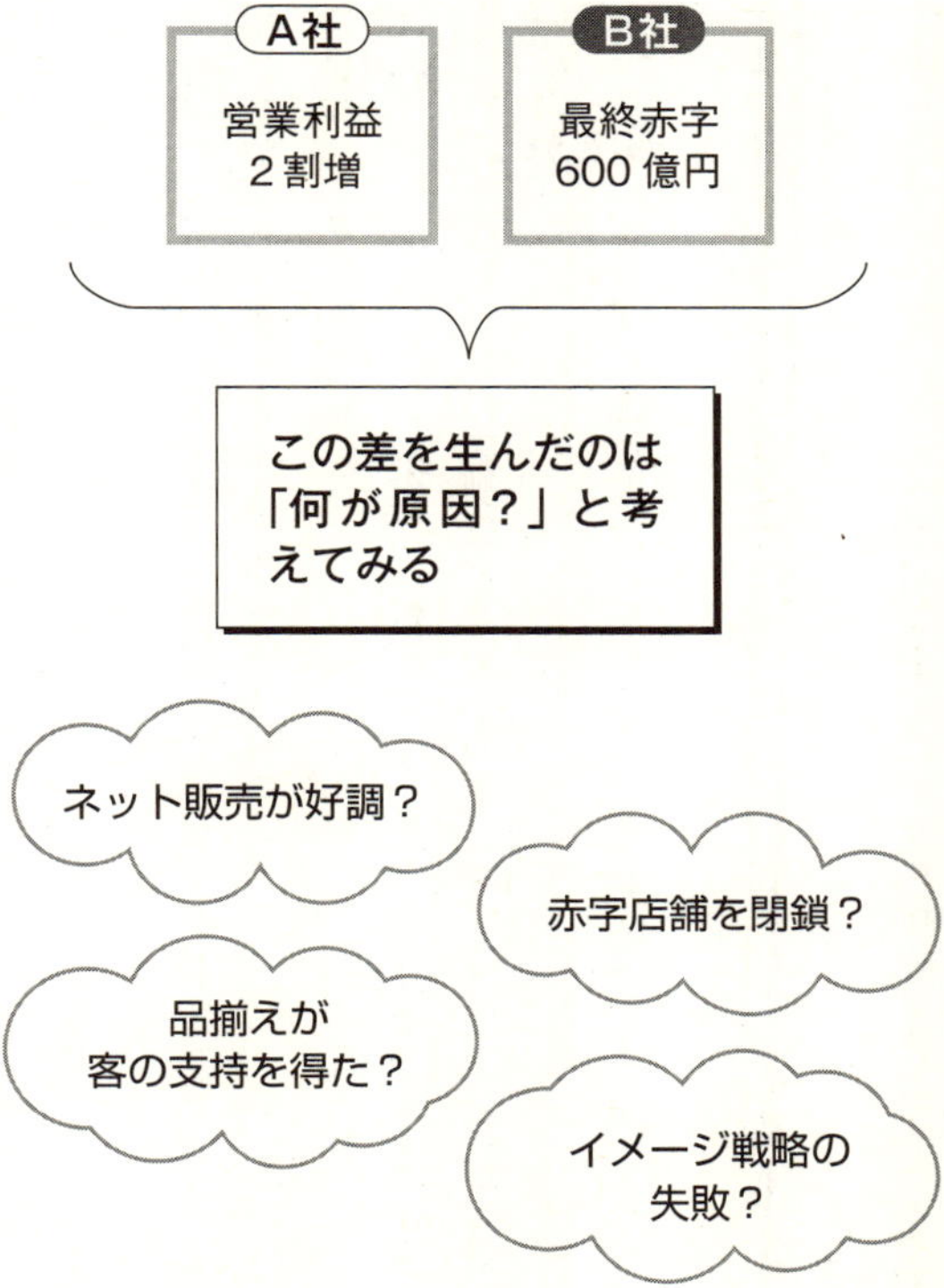

たとえば、大型ショッピングセンターを運営するA社とB社があり、A社は業績が順調に伸びていて、B社は赤字を出してしまったとする。

一見すると、どちらも似たようなテナントを揃えていて、休日ともなると大勢のカップルや家族連れでにぎわっているように見えたのに、なぜそんなに差がついてしまったのだろうか。そう考えてみると、「そういえば…」といくつか思い当たる節があるのではないだろうか。

A社は、商品単価は高めだが生鮮食品は新鮮で、一方のB社は安さばかりを強調している気がする。しかもB社の店舗はどこか暗い感じがするが、それが客離れにも関係しているのかもしれない。

そういえば、A社はアジアに進出したと聞いたが、それが業績アップにつながったのだろうか…。

というように、自分が感じていることをもとにして公表されている数字の背後で何が起きているのかと考えてみるのだ。

このように数字を裏読みするクセをつけておくと、世の中のメカニズムが見えてくるようになるはずだ。

「なぜ?」と聞かれて、答えられないのは分析が甘い証拠

つまらない情報にひっかかるな!

売れるか、売れないかというのは、多くの会社にとって経営の根幹に関わる大きな問題だ。

そこで、自社の製品をいかにして売るかという戦略が練られるわけだが、そんなとき、とにかく新しい情報を集めるのが大事だとばかりに、ひたすら情報やデータをかき集めることだけに必死になってしまう人がいる。

たしかにテレビを見たり新聞を読んでいると、さまざまな企業の動向が紹介されている。それは、すばらしい業績を挙げた企業や人の話題であることもあれば、単なる宣伝の場合もある。

そのような情報にアンテナを張っていると、大手のメーカーではこんな戦略で販

売して50パーセントの売上げ増につながったとか、海外ブランドで新しい売り場づくりをしたところ新店舗に300メートルの行列ができたなど、めぼしそうな情報はいくらでも引っかかってくるものだ。

しかし、そんな情報をむやみやたらと増やしているだけでは意味がない。いくら、「△△社は利益が前年度の2倍になった」ということを知っていても「だから?」と聞かれて「さて?」となるようでは、何も生かせていない証拠だ。それよりも次のステップである「そこから何を導き出すか」が大切なのだ。

また、集めた情報があまり信憑性のないものだったり、どうでもいい内容のものであればいくら分析してもいい結論は導き出せない。

分析は物事の本質に近づく作業である。さまざまなデータを集めて、それらがどう関係しているのか、あるいはなぜ予想外の結果になってしまったのかなどを洗い出し、より適切な方向性を導き出していくのである。

デジタルの時代になって、情報が集めやすくなった反面、つまらない情報にヒットする確率も高くなっている。だからこそ、世の中にあふれている情報に翻弄されないようにしたいものである。

図解にできないものは、どこかに「矛盾」がある証拠

自分の企画を自分でボツにする勇気

企画書などではその内容を説明する文章とともに、それらを補足する図表やチャートがよく用いられる。

きれいな図表やチャートが入っていると、文字だけの企画書よりもわかりやすくて断然インパクトがあるものだ。

だがよく見てみると、「そういうことか！」とひと目で納得できる図表もあれば、何を説明しようとしているのかさっぱりわからないものもある。

なぜ、わざわざ図解にしてあるのに理解してもらえないのか。それは、もともとの理論展開に矛盾があるからだ。

たとえば、「サマーキャンペーンで前年比の2倍の売上げをめざす！」としてい

るものの、なぜサマーキャンペーンが必要なのか、どういう計画のもとで売上げを2倍にするのか、その根拠があいまいだと図解にしたところで何の説得力もない。

こういう企画書は多くの場合が最初にテーマと結論ありきで、その根拠として提示されている図表はこじつけだったりするものだ。

またよく見かけるのが、「夏はビールが売れるから、ビールを核にしたキャンペーンを展開する」と説明があり、そこに年間のビールの出荷量のグラフとともに、予想されるキャンペーンの効果を図解にしたものが描かれているような企画書だ。

すると、ほかの季節に比べて夏はビールの出荷量が増えるので、たしかにこれなら説得力があるように思える。

だが、ビールの出荷量自体は年々減少していることはよくニュースになっている。そうなると、日本人全体のビールの消費量が減っているのに、ビールにスポットを当てたキャンペーンにどこまで説得力があるのか疑問になってくる。

それを単純に「夏＝ビール」で押し通そうとしても、見る人が見れば納得できない企画書になってしまうのだ。

辻褄が合わないと感じたら、そのプランは潔く〝ボツ〟にする勇気が必要だ。

結果を出せる人は、分析するだけでは満足しない

思いつきだと思われないための相関関係の出し方

競争社会の中で生き残っていくために、経営改善のためのプランを一般の社員から募集する会社は少なくない。こんなとき、現場にいる社員はふだん自分が感じていることを提案しようと張り切ってしまうものだ。

「もっと客を呼び込むために、駅前の目立つ場所に店舗を構えましょう」

「うちの店はレジ待ちが長いと不評なようなので、あと2台設置しましょう」

どちらももっともな提案ではあるが、それを実現するにはコストがかかる。もし、会社にこのような提案をしようとすれば、どれだけ投資が必要で経費はどれくらいなのか、その結果、売上げは確実に伸びるという裏づけがなければ採用されない。

そこで、提案を単なる思いつきだと思われないためには、まずは相関関係を分析してみることだ。表計算ソフトのエクセルを使えば、冒頭のようなプランと売上高の関係はすぐにわかる。

たとえば、「うちの店はレジ待ちの時間が長いことが敬遠されて、来店者数が伸びないのでは？」と感じているのであれば、まず客1人につきどれくらいのレジ待ちの時間があるのかを調べ、他の店と比較して分析してみるのである。

その結果、レジ待ちの時間の長さと来店した客数に密接な相関関係が見られたら、自信を持って「レジを増やしましょう」と提案できる。

だが、それがはっきりとしない微妙な結果が出た場合は、他にもっとお金をかけずに工夫することで経営改善につなげられないかを具体的に考えてみる必要がある。

どれだけ経営改善のプランを出しても採用されないというときには、このような分析と解決策をワンセットにして説得してみると、会社の経営陣や上司の心を動かすことができるようになる。

分析が済んだらゴールではない。それをいかに相手に伝えるかというところに意味があるのだ。

新聞や雑誌のデータやグラフを鵜呑みにしてはいけない

国が違えば算出方法は違ってくる

新聞や雑誌には本文の内容を補足するためにグラフが使われることがある。たとえば、国際比較をするための「日米欧の失業率の比較」とか「各国の消費税の比較」のグラフなどだ。

それらのグラフを見ると、単純に「日本は景気が悪いというけれど、ユーロ圏の失業率10パーセントに比べたらまだマシ」とか、「デンマークの25パーセントに比べたら日本の消費税はまだまだ安い」などと思ってしまいがちだが、そこには掲載されているグラフだけではわからないカラクリが隠れている。

なぜなら、国が違えば失業率の算出方法は違ってくるし、消費税にいたっては日本はほとんどすべての物品にかかってくるが、ヨーロッパでは生活必需品は非課税だったりするなど、一概に比較できるものではないからだ。

では、なぜそのようなグラフが用いられているのかというと、それは多くの場合、記事に説得力を持たせるためだ。

また、他に比較できる数値がなければ使うしかないということもある。その場合は、グラフの下に国によって算出方法が異なるなどのクレジットや注意書きがあるはずだ。

日本経済が好調であるという根拠に、算出方法が違う他国の失業率の数値をもってきても意味がないことも多いが、データとして発表されている数値としては間違いがないので、このようなグラフができ上がってしまうのだ。

新聞や雑誌の記事にはそれぞれの社の編集方針や記者の論調が反映される。同じ数字でも、見せ方を変えれば読者に異なる印象を与えることもできるわけだ。

だから、何も疑問を持たずに同じソースに接していると、どうしてもそこに書いてあることを鵜呑みするハメになる。

「あの新聞だから大丈夫」と思わずに、さまざまなデータに当たって自らの勘を磨くようにしたい。

大事な「数字」を捨てれば、アピール力はかえって上がる

社内ではスゴい数字でも市場は驚かない!?

会社や店舗にはそれぞれ取り扱っている製品や商品がある。

そしてそこで働いている人たちは、新しい商品やサービスを生み出すために日々仕事に取り組んでいる。当然、高い商品知識があり、専門的な情報にも詳しい。

だが、一般の人を説得しようとすると、そんな専門的な知識を持つプロだからこその〝落とし穴〟もある。それは、ふつうの客にとっては何の意味もないマニアックな数字を出して相手を説得しようとしてしまうことだ。

たとえば、あなたがパソコン関係の仕事をしていて、自分の会社が改良に改良を重ねて従来の軽量ノートパソコンよりも50グラムも軽くすることに成功したとしよう。

それまでも十分に軽かったところを、さらに材質を変えたり部品を小さくすることによって超軽量化を実現させたのだから業界初の快挙だろう。

広告を制作するときには、ぜひこの数字を大々的に使ってアピールしたいと思うかもしれない。

だが、その目論見が一般の消費者に届くかどうかは疑問だ。50グラムといえば、板チョコ1枚より少ない重さだ。それくらいの重さがカバンの中から消えたくらいでは、さすがに驚きはしないのではないだろうか。

当事者にとってはどれだけすごいことでも、部外者にしてみれば「50グラムだけ?」ととらえられてしまう可能性は否定できない。開発にたずさわった人間が感じた驚きをユーザーと共有するのは難しいといえるだろう。

商品のよさを消費者に理解してもらうためには、その「マイナス50グラム」ははたして必要なのか、自分たちが感動した数字は、一般に受け入れられるものなのかをよく考えたうえで「NO」と結論が出れば、いくら社内の人間にとって誇れる数字でも潔く捨てる覚悟が必要になる。

世の中にアピールする前に、しっかりとその辺りを見極めることが大切だ。

「チャンスロス」から考えるのが、意思決定のポイント

目先の数字にとらわれないために

あなたは町工場の経営者だとしよう。ある日、取引先のメーカーから新製品の部品をつくってくれないかと依頼があった。その部品をつくることは、あなたの工場では技術的には可能だが、新たな工作機械が必要になる。

工作機械の値段は最新のもので5000万円、中古なら2000万円する。ここのところ利益の出ない経営状態が続いているので、設備投資するなら銀行に融資してもらうしかない。

さてこんなとき、あなたならどんな経営判断を下すだろうか。

①最新鋭の工作機械（5000万円）を導入して受注する
②中古の工作機械（2000万円）を導入して受注する

③設備投資は行わず、依頼は断る

このような意思決定をするときに頭に入れておきたいのが、「チャンス（機会）ロス」という概念だ。

たとえば、①か②を選んだ場合は設備投資をするのだから、その投資額に対してどれだけの利益が得られるかをはじき出す必要がある。そのときに、どちらがより利益を出せるかということも大切だが、それを選ばなかったがために得られなくなる利益のことも考えておかなければならない。

また、新しい機械を選んだ場合は、そのぶん借り入れが多くなるので経営的なリスクが大きくなる。一方で、中古を選んだ場合は、機械の性能が下がるので利益率も下がる可能性がある。

また、③を選べば借り入れが発生しないので、金利を支払う必要がなくなるが、目の前にあるチャンスをみすみす逃すことにもなる。

このように意思決定するときには、チャンスロスに基づいて検討すれば損を可能なかぎり回避することができる。会社経営だけでなく、人生の岐路に立ったときにもチャンスロスについて考えてみるべきだろう。

問題解決に欠かせない「マクロ&ミクロ思考」の身につけ方

何かの問題にぶち当たり、考えても考えても頭が空回りしてしまっていい解決策が見つからないということはないだろうか。

あまりにも一点に集中しすぎると、かえって泥沼にはまってしまうものだ。こんな悪循環に陥らないためには、「マクロ思考」と「ミクロ思考」を使い分けてみるといい。マクロは全体や概要を、ミクロは部分や詳細を意味する。

思考の流れとしては、マクロからミクロへが基本だ。

ミクロ思考優先に潜む落とし穴

物事を検討するときは、つい最初から細かいところにこだわってしまいがちで、たしかにピンポイントで考えたほうが考えが手っ取り早くまとまることがある。

だが、それでは逆に視野が狭くなり、全体像が見えにくくなる。考えるポイントがズレていたら、いつまでたっても有効な案は出てこないだろう。

まずはマクロの視点から広く浅く情報を集め、ざっくりと見渡して全体像を把握するほうがいいのだ。

そうすれば、どこに問題があるのか、なぜそれが起きたのかなど、検討すべきポイントもはっきりしてくるはずだ。そこから深く掘り下げて分析していくのである。

もし、いくつか複数の課題が出てきたときには優先順位をつけてみるといい。大切なのは、いっぺんに取り組もうとしないことである。

また、企画を提案する場合なども、マクロからミクロへと展開したほうがわかりやすい説明ができる。

たとえば、ある企画に3つのプランがあったとしよう。その場合はまず、企画の概要を1枚目にまとめて提示し、それから具体的なプランについて説明し、最後はそれぞれ詳細な説明と提案を加えていくのである。

こうすると全体の流れがすっきりとつかめるので話がスムーズに進み、相手も理解しやすくなるわけだ。

マクロからミクロへ移行すると、物事が論理的にとらえられるのである。

独りよがりな分析にしないためには、3つの視点が欠かせない

顧客→競合→自社の順で

売れる商品を作るためにデータを集めて分析するというのは、どこの企業でもやっていることだ。だが、自社の視点だけに立って分析しても、有効な結果は得られない。それはばかりかどうしても自分の利益を出すことを優先してしまい、分析に偏りが出てしまうからだ。

そこで、その分析結果に偏りやサンプリングを抽出するときなどの間違いがないかどうかを見極めるには、3つの視点が盛り込まれているかを確認するといい。

3つの視点とは顧客（Customer）、競合（Competitor）、自社（Company）のことで、これらを合わせて3Cと呼ぶ。

この中で最も重要なのは、いうまでもなく顧客の視点である。ユーザーが満足で

きるものを提供できるかどうかに社運がかかっているといっていいだろう。

消費者のニーズや好み、行動パターンといったミクロの視点から市場規模や成長率のようなマクロの視点にまで気を配るのである。

そして次に考えたいのは競合、いわゆるライバルの視点である。ライバルの数や市場でのシェア、特徴、戦略などを分析しなければ、他社と違った製品を生み出すことはできないのだ。

これらを踏まえたうえで、ようやく自社の視点で考えるのである。

あるいは、ここに協力者（Co-operator）を加えて、4Cの視点から分析することもある。このときには自社との関係や協力者がどんな役割を果たすかといった点がポイントになってくる。また、マーケティングの場合には、協力者ではなく流通者（Channel）をプラスして4Cにするケースもある。

ようするに、自社の強みを活かして勝ち抜いていくためには、複数の視点から分析することが必須なのだ。しかも、その順番も大事で、これを間違えると独りよがりな分析になってしまうことがある。

3つの視点で考えてこそ、分析も有効なものになってくるのである。

Chapter 2

「数字」が読めれば、分析的思考が面白いほど身につく！

分析力を自分のモノにする第一歩は、数字を恐れないこと

損をしないためにざっくりした数字を覚える

ビジネスによって利益を得るためには、コストパフォーマンスを考えることが重要になってくる。たとえば、最新の機器を導入して作業効率が上がり、今までよりも多くの仕事をこなせるようになったとしても、機器そのものにかけた初期費用が大きかったり、消費電力がやたらと増えたりすれば、いくら仕事が増えたところで利益を上げるという目標にはほど遠いからだ。

だが、「数字力」を身につけておけば、そんな読み違えも防ぐことができる。そのためにはまず、ふだんから基本的な数字を頭に叩き込んでおくことだ。

冒頭のような場合であれば、今まで使ってきた機器では1時間でどれくらいの作業がこなせるか、それを収益に換算するとどれくらいになるのかといったことなど

だ。また、電気代や車輌代などのランニングコストが1か月でどれくらいかかっているのかも知っておいたほうがいい。

すると、商品スペックを見るだけでも最新機種に交換した場合のメリットとデメリットがだいたいわかるので、正しく比較検討することができるのである。

また、世の中の基本的な数字を覚えておくと新聞やテレビなどのニュースに出てくる数字も実感をもってみることができる。

たとえば、新聞に「新興国インドで糖尿病患者が約6000万人にのぼる」という見出しがあったとしよう。6000万人というと日本の人口の半数になるが、人口10億人のインドならばその割合は大きく変わる。

このような日本と主要国の人口や面積、GDP、国家予算、個人消費といった数字をあらかじめインプットしておけば、世の中で起きていることを正しく判断することができるようになるのだ。

もちろん細かな数字まで覚える必要はない。日本の人口は1億2000万人、GDPは500億円くらいのざっくりとした数字でいいのである。

これを覚えておくだけで世界の読み方が違ってくるはずだ。

数字センスを磨けば、ワンランク上の判断力が身につく

身近な数字が意識できる「3つの習慣」

「数字」で相手を説得するなどというと、定量分析や関数などといった小難しい数学が得意の理系の人間でなくては無理だと思い込んでいる人も多い。

だが、数字のセンスを身につけるのには、そんな専門的な知識はまったく必要がない。それよりも、生活の中の身近な数字を意識するための3つの習慣を実践したい。

まず、ひとつ目は「暗算」だ。たとえば、大型液晶テレビの値段が今よりもずっと高かったころは、「1インチ1万円」といわれていて、50インチなら50万円くらいしていた。だが、今では50インチでも17万円くらいで買うことができる。

それを見て、「ずいぶん安くなったなあ」で終わらせてはいけない。1インチあたりは何円くらいになるのかを考えてみるのだ。答えは3400円だが、このよう

に目についた数字をとにかく暗算することで数字力を磨くのである。

そして、ふたつ目は「家計簿」だ。もし、毎日の細かな出費を管理するのが面倒なら月々の固定費を管理すればいい。

固定費とは、家賃や水道光熱費、通信費など収入の増減にかかわらず毎月必要になる出費のことだ。今まで口座から引き落とされるがままになっていたという人は、これらの金額をエクセルなどで管理して1年ごとにグラフ化してみるといい。

すると、前月や前年と比べて何がどれだけ増減したかがわかる。前年同月に比べて電気代が上がっていれば、電力会社の料金の値上げが影響しているということなどもリアルにわかる。数字を見て考えることで分析力が鍛えられるのである。

そして、3つ目は仕事上の数字に強くなるために、上場企業の業績情報が詰まった『会社四季報』を読んでみることだ。

本来、株取引をしている人の〝愛読書〟だが、あの有名企業が市場でどれくらい評価されているのかなどが数字でわかるようになる。「あの会社は大きいからすごい」などというような漠然としたイメージに左右されない判断力が身につくのだ。

これら3つの習慣で、数字のセンスとともに仕事のセンスも磨かれるはずだ。

物事をなんでも数字に直して考えることのメリット

どうでもいい数字で頭の体操をする

日本全国で1日に何個のトイレットペーパーが消費されているか、と考えたことはあるだろうか。

じつは「数字力」を鍛えるのには、このようなどうでもいいようなことを数字を使って考えることが役に立つのである。

このトイレットペーパーの例だと、まず1回トイレに行くごとに平均80センチメートル使うと仮定して、それを1日5回と考えると、80×5で、ひとりにつき1日400センチメートルを使っていることになる。

それに日本の人口を掛けると、1億2000万人×400で480億センチメートル、これをメートルにすると4億8000万メートルになる。

◆日本全国のトイレットペーパーの消費量を考える

1人分／日

使用量／1回につき　80㎝

×

回数／1日　5回

＝

400㎝

日本の人口

1億2000万人×400㎝＝480億㎝

（4億8000万m）

1ロール／60mのトイレットペーパーに換算すると

4億8000万m÷60m

＝800万個

さらにこれを1ロールあたり60メートルのトイレットペーパーに換算すると、4億8000万÷60メートルで800万個、つまり日本全国で1日に800万個のトイレットペーパーが水に流されていることがわかるのだ。この計算自体は、男女の違いや年齢の違いを無視した大雑把なものだが、常に数字で考えるクセをつけておけば、相手を説得できる力が自然と身につくようになるのである。

また、この考え方は想像力をもって数字を分析する力も身につく。

たとえば、150万部のベストセラーとなった本を、実際には何人の人が読んでいるのかと考えてみよう。

150万部が売れているのだから、まず150万人は読んでいるとしよう。だが、買った人が家族や友人に「いい本だよ」と貸していることも考えられる。仮に5パーセントの人が誰かに貸したとすると、7万5000人がプラスされる。

さらにベストセラー本は図書館でも人気なので、全国にある約3000の図書館で50人の人が借りたとしたら15万人、ざっと合計すれば170万人くらいがその作品を読んだのではないかとひとまずの結論が出せる。

このような頭の体操で、人は何歳からでも数字力を鍛えることができるのである。

質問されたとき、「できる大人は数字で答える」の法則

仕事絡みの数字は広く浅く収集する

仕事で意見を求められたとき、いつもどのように受け答えしているだろうか。

たとえば、上司から「今度、成長期の小学生の足の健康を考えたスニーカーを作ろうという企画があるのだが、どうだろうか？」と水を向けられたとしよう。

そこで、「そうですね。小学生の親の世代では健康ブームは健在ですし、かわいいデザインにすればそこそこいけるのではないでしょうか」などと答えてはいないだろうか。

直感だけを述べているようなら、デキる部下という評価をもらうのはかなり難しいだろう。

そこでこんなときこそ、モノをいうのが分析力だ。

最近は健康を考えて、多少高くてもいい靴を履きたいという大人が増えている。このように健康への意識が高い人は、自分の子供にも足に合ったいい靴を履かせたいと考えている可能性が高い。

このような状況や数値がわかっていれば、それをもとにしてこんなふうに答えることができる。

「全国の子供の数が約1000万人として、仮にそのうちの2割の子供の親が健康への意識が高いとします。そのうちの1割に売れるだけで20万足に達します。それに、子供の足の成長は速いですから、履き心地が気に入れば何度もリピートして買い換えてもらえる可能性もあります。さらに、足に合ったスニーカーは運動のパフォーマンスを高めますから、〝早く走れる〟ことなどをアピールすると子供の関心を呼ぶことにもなるでしょう」

このように現実的で具体的な売上げが見えるような提案ができるようになれば、説得力がまるで違ってくる。

自分が携わっている仕事に関連する数字は、広く浅く収集しておく。それが頼られる部下になる一番近い方法なのである。

買い手が値上げをすんなり受け入れてしまう数字のトリック

同じ数字でも見方を変えると印象も変わる

昨年から平均で約8パーセントも値上げされた電気代。月額1000円以上のアップを余儀なくされている家庭も少なくない。

これまでにもさまざまな公共料金が引き上げられてきたが、引き上げ率の数字だけを見ると、さほど値上げされていないかのような印象を持ってしまうことがある。そのいい例が医療費だ。

2003年度から健康保健法が改正され、患者の医療費負担が2割から3割に引き上げられた。そこで注目したいのが、この負担率である。

3割から2割を引くと1割、つまり10パーセントである。

「医療費の自己負担割合は今の2割から、3割に引き上げられます」といわれると、なんとなく「まあ、1割くらいなら…」という心境になる。では、「医療費の自己負担額は、今後1・5倍に引き上げられます」といわれるとどうだろうか。1・5倍というと1000円のものが1500円に、5000円のものだと7500円になる計算だ。ずいぶん高くなるという印象を受けるのではないだろうか。

だがよく考えてみると、2割から3割になるのと、従来の1・5倍になるのは表現こそ違うが支払う額は同じである。

たとえば、病院でレントゲンをとったら1万円かかったとする。健康保険証を持っていれば今までなら2割負担なので、窓口で2000円支払えばよかったが、3割負担になると3000円支払うことになる。

一方で、自己負担分が1・5倍になっても2000円×1・5倍で、同じように3000円を負担することになるのだ。このように内容が同じでも、表現が変われば受け取る側の印象はまったく異なったものになる。

国の制度が変更されるときなどには、国民に与えるショックを和らげるためにこのように表現を〝工夫〟することもある。このような数字のトリックには注意したいものである。

最適な選択をするには、いったんゼロに戻して数字で考える

迷ったときには定量分析で判断する

ビジネスはさまざまな思惑や意思決定のもとで動いているものだ。どんなスケジュールで進めるといいか、誰を担当にするべきか、どこの取引業者を使うかなど、その時々で最適な方法や戦略などを検討しなくてはならない。

だが、コストや時間的な制約などを考えると、何がベストなのかどうしても決められないこともある。

そんなときには、すべての判断材料を「定量分析」してみるといい。

定量分析とは具体的な数字を基に分析することで、長年の経験とか勘とは異なる客観的な判断を下す材料になる。

たとえば、初めて参入する分野の仕事をすることになり、2つの取引業者の間で

どちらに仕事を発注すればいいか迷っているとしよう。

長年のつき合いがあるA社は勝手がわかっているので仕事はやりやすいが、A社にとっても今度の仕事は同じように初めてなので納期に1か月かかるという。

一方で、B社はまだ一度も仕事をしたことがない会社だが、その分野ではすでに実績があって3週間もあれば納品できるという。

見積もりを比較してみると、A社は100万円、B社は150万円だった。

となると、A社はB社よりも低コストで、取引きが長いので細かく説明しなくてもこちらの希望がわかってくれるという利点がある。だが、お互いが初心者同士なので試行錯誤を繰り返しながらの作業となる。

その点、B社はその分野で実績があるので品質には期待ができるが、こちらの意向を汲み取った仕事をしてもらうためにはかなり細かいやりとりが必要になる。

このようなことから、もしその仕事が今後の社運を左右するようなものであるなら、多少のコストはかかったとしてもB社を選んだほうがいいという判断ができる。

考えるのが面倒になると、つい慣例にしたがって今までどおりですませてしまいがちだが、ゼロベースに立ち戻って比較検討することだ。

「1人当たり」に置き換えれば、大きな数字を実感できる

実感がわくまで数字を小さくする

２０１０年に、中国がＧＤＰで日本を抜いて世界第2位になったというニュースが話題になった。ＧＤＰとは、その国で１年間に産みだされた商品やサービスの総額である。

この年の中国のＧＤＰはドル換算で5兆８７８６億ドル、日本は5兆４７４２億ドルで、中国はついにアメリカに次ぐ経済大国になったのだ。

これを聞いて中国は豊かになったと思った人もいただろう。たしかに経済規模は大きくなったかもしれないが、そこに住んでいる国民が豊かになったかどうかは別問題である。

なにしろ中国の人口は、日本の約10倍の13億人にのぼる。つまり、中国人１人当

たりのＧＤＰは日本人１人当たりのそれよりも１ケタ少ない。

さらに、大きな問題になっている中国都市部の富裕層と農村部の収入格差を鑑《かんが》みれば、両国の１人当たりの豊かさにはかなりの開きがあることがわかる。

中国経済が数字の上で日本を上回ったからといって、それをそのまま鵜呑みにしてしまうと物事に対する正しい判断を見誤ってしまうことになるのだ。

そこで、大きな数字はとりあえず「１人当たり」に置き換えてみるようにするといい。たとえば、日本人の何人くらいが車を所有しているのかと考えたとき、まず国内の保有台数を調べてみると７０００万台であることがわかる。

これを単純に1億２０００万（人）で割るとだいたい２人に１人が所有していることになるが、そこには免許を持っていない18歳未満の人数も含まれる。

さらに、営業車なども含まれるとなると３人、ないし４人に１人、だいたい一家に1台くらいというおおまかな数をつかむことができるのだ。

このように数字を理解するためには、自分の実感がわくところまで数字を小さくしていくといい。それによって、ひとつの数字からさまざまな予測を立てられるようになるのだ。

具体的な数字を出せるかどうかが“分かれ道”

大雑把なほうが説得力は増す

「数字に弱い」という理由だけで、自分は仕事がデキないと思っている人は意外と多いのではないだろうか。

たしかに、どんなビジネスでも数字はなんらかの形で関わってくるし、苦手となれば自分のウィークポイントにもなりやすい。とりわけ請求書や納品数など、売上げや契約に関する数字は間違えるわけにはいかないだろう。

だが、数字が苦手な人に限ってどんな場面でも1円単位まできっちり計算しようとする傾向が強い。じつは数字などというものは、時と場合によっては「概数」で算出したほうが案外うまくいくことが多いのだ。

たとえば、日本の全世帯で何台くらいのテレビがあるかという話題になったとする。一概にはいえないが、自分のまわりの状況で判断しただけだとしても1世帯最低でも2台はあると考えていいだろう。

日本の総世帯数がおよそ5000万世帯で、普及率がほぼ100パーセントだとすれば、5000万×2で1億という数字が導き出せる。

もちろんこれは正しいデータではない。だが、商談の場で仮にこのような話題が引き合いに出された場合、求められるのは正確なデータではなく「ざっくりした概数」で、極端にいえば1億というケタさえ合っていればOKなのである。

「ものすごく多いでしょうね」などと抽象的な言い方をするより、「パソコンをテレビ代わりにしている人もいるでしょうから誤差はあるかもしれませんが、1億台くらいではないでしょうか」と具体的な数字を出したほうが、相手に対する説得力はまるで違うのである。大事なのは細かいデータではなくて、その数字に関して共通のイメージを持つことなのだ。

数字が苦手な人でも、この程度の概算ならさほど抵抗はないだろう。ただし、あとで「キミがあのときこう言った」などと言質をとられてはまずいので、「あくまでざっくりなので、正確な数字ではないですが」といった前置きはつけ加えたい。

「売上げ○億円アップ！」の現実を見抜く2つの思考法

数字に隠れているフローとストックとは

会社の売上げ高や国の人口など、大きな数字を見ると何も考えずついそのまま受け入れてしまいそうになるが、そんなとき思い出してほしいのが「フロー」と「ストック」という言葉だ。

フローは、ある一定期間の流れを示し、ストックはある時点での総数・貯蔵量を意味する。じつは、大きな数字にはたいていこの2つの概念が隠されているのだ。

たとえば、Aさんには1000万円、Bさんには500万円の貯金があるとしよう。これだけを見るとAさんのほうが経済的にゆとりがありそうに思えるが、月々の給料はAさんが30万円で、Bさんが50万円だという。こうなると、どちらが経済的に豊かなのか見方は変わってくるはずだ。

この場合、給料はフロー、貯金はストックにあてはめることができる。つまり、この2人の経済状況はそこに隠されたフローとストックを読み取ることで初めてその実態を理解できるということなのだ。

これと同じで、仮に競合する企業の「売上げ1000億円アップ！」というニュースがあったとしても、まずは冷静にその数字に隠されているフローとストックをイメージすることだ。

1000億円の中身が、たとえば分譲マンションの販売といったフロー収入がメインであれば、一時的には黒字に見えてもそれが安定するかどうかはわからない。今月は売れても、来月はまったく売れなくて赤字になるという可能性もある。

ところが、これが賃貸マンションの家賃のように継続的な収入であればストックとなり、ある程度安定した収入が見込めるだろう。

フロー中心で利益を上げている会社もあれば、ストック中心で利益を上げている会社もある。

どちらがいいかは一概にいえないが、前者であれば実態は1000億円という数字ほどのゆとりはないと推測できるのだ。

◆フローなのか、ストックなのかを見極めるには

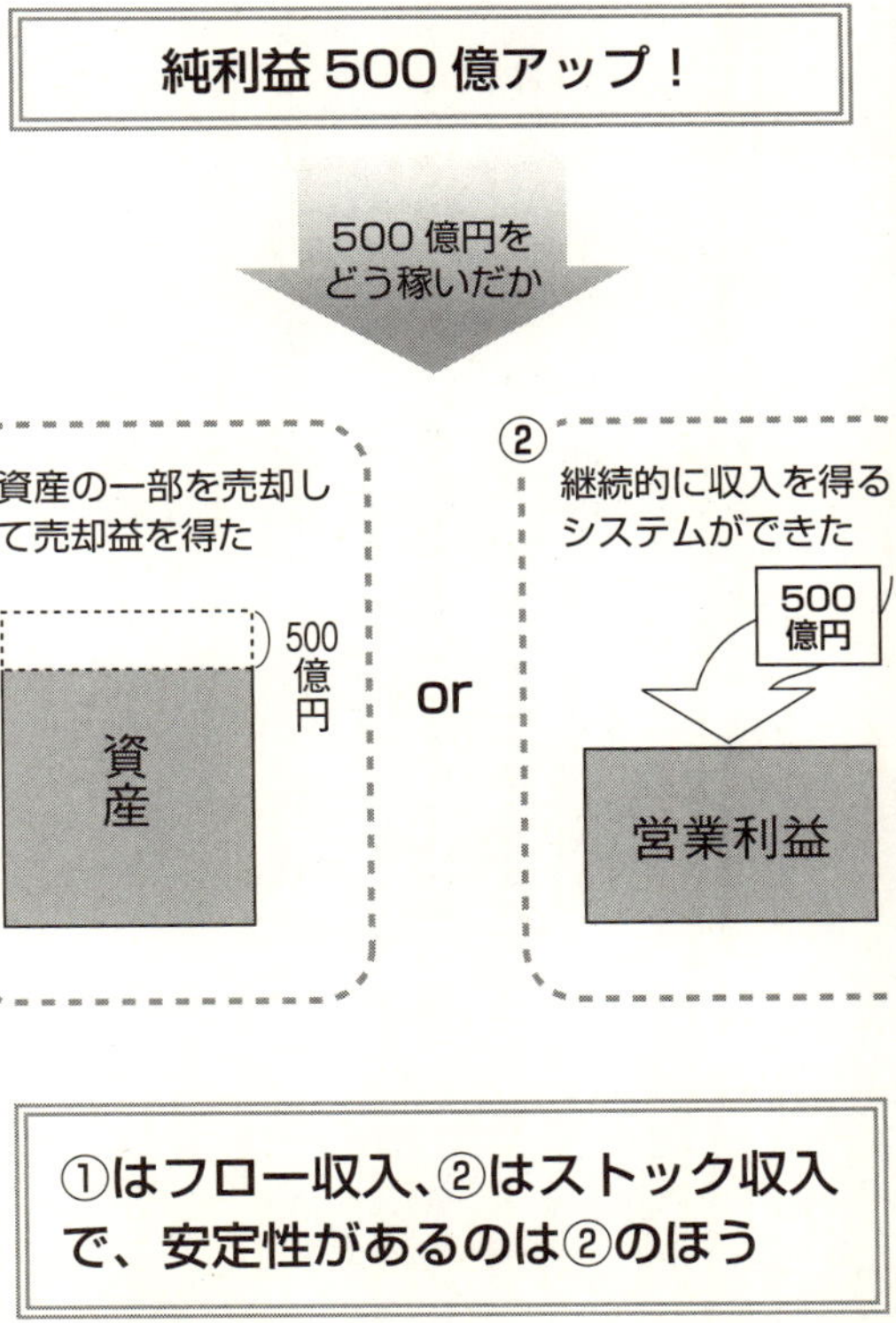
純利益500億アップ！
500億円を
どう稼いだか
①
資産の一部を売却して売却益を得た
500億円
資産
or
②
継続的に収入を得るシステムができた
500億円
営業利益
①はフロー収入、②はストック収入で、安定性があるのは②のほう

数字の裏にはもうひとつの事実が隠れている

スポットが当たる数字の背景を意識する

新聞やネットでは日々あらゆる調査データを目にする。とくに世論調査や意識調査のようなデータでは、それが世の中の総意のように見えてしまうことがあるが、できれば一歩踏み込んだ見方をして、より深い分析をしたいものだ。

身近な例でいえば、テレビの視聴率調査である。

ときどき「最終回は40パーセント超え」だとか「歴代3位！」などと盛大なアオリ文句とともにドラマの視聴率が発表される。

だが、たとえば視聴率40パーセントのドラマは、冷静に考えれば60パーセントの人は観ていないということになる。

もちろん、録画視聴や衛星放送は調査外なので、この数字自体も鵜呑みにしてはならないが、いくら「みんなが観た！」とか「日本中が泣いた！」などといっても、半分以上の人はそれを観ていないのだと思えば見方も変わってくるだろう。

また、2013年には電通総研の「電通こころラボ」が「日本人の幸福度調査」を実施したが、それによると、日本人の幸福度は10段階中5・5という結果になった。

この結果を見ると、「日本人はそこそこの人が幸せだと感じているのだな」と思うところだが、はたしてそうだろうか。

豊かな国に住んでいるはずの日本人が、わずか10段階で半分程度の人しか幸福感を得られないことに逆に深刻さがうかがえるという見方もできる。

生活の豊かさでは補えない心の貧しさを感じているのか、あるいは将来への漠然とした不安なのか、原因はさまざまあるだろうが、数字の裏側には現代の日本人が抱える問題が隠されているのは間違いない。

どんな調査でも、スポットが当たる数字の背景にあるものを意識すると、表面的な数字だけに流されなくなる。そうすればおのずと多角的な分析ができるようになるはずだ。

比較できるデータと並べて、はじめて数字は意味を持つ

「過去」と比べる習慣をつける

新聞には毎日のように「A社の今年度の売上げは〇〇億円！」とか「新製品の出荷数〇万台」などという見出しが躍っているが、数の大きさだけを見て「すごい！」と感心してしまうのはちょっと安易すぎる。というのも、こういう数字は比較できる数字を並べてみてはじめて意味を持つからだ。

たとえば２０１２年、日本を訪れた外国人旅行者の数は８３７万人だったというデータがある。

８３７万人という数字にどういう意味があるのかは、この時点ではまだわからない。ここで比較する数字のひとつめは「過去の数字」である。

２０１１年、訪日外国人旅行者は東日本大震災の影響で６２２万人と大きく落ち

込んだ。それに比べれば、2012年は215万人増ということになり、まずまずの数字だといえる。だが、もうひとつ比較しなくてはならないのが「他国の数字」だ。

世界で最も外国人旅行者が多いフランスの場合、同じ2012年のデータは8300万人で日本のおよそ10倍という数値を叩き出している。

ちなみに、同じアジアでは香港が2377万人、シンガポールや韓国も1000万人を超えている。つまり、いくら日本を訪れる外国人旅行者が増えたといっても、世界の中ではまだまだ少ないほうだということがわかるのである。

これはビジネスの数字でも同じことがいえる。

たとえば「A社の今年の売上げ3億円!」と聞いても、前述のとおりその数字だけで何かを判断してはいけない。その会社の過去の売上げや競合他社の売上げと比較することで、初めてそこから数字の持つ意味を読み解くべきなのである。

もしかしたら、「3億円」は前年度よりもダウンした数字かもしれないし、競合他社より劣る数字かもしれない。

数字をただ漠然ととらえてもそれを活かすことはできない。常に比べる対象を探す習慣を身につけることが大切なのだ。

「世論調査」ははたして信頼できる数値なのか？

「世界が100人の村だったら」という抽出法

選挙戦が話題になり始めると、新聞やテレビなどのマスコミ各社からは独自に実施した世論調査の結果が発表される。

調査の内容は、現内閣を支持しているかどうか、次の選挙には投票するかなどといったものだ。

有権者はこれらの質問に対して「はい、いいえ、どちらでもない」や「行く、なるべく行く、たぶん行かない、行かない、わからない」などの項目から選んで答えていく。

そして、調査結果は質問ごとに全回答数に占める割合で出され、まるで国民全体の総意であるかのように報道されるのである。

だが、有権者の数は国内外合わせて1億478万人あまりにのぼる。それに対して、世論調査の有効回答数はおおむね1000人程度である。

はたして、全有権者のほんの10万分の1の対象者にアンケートを取った結果から出した数値は、本当に正しいと思っていいのだろうか。

統計学では分析対象全体、つまりこの場合は全有権者を「母集団」、アンケートなどで実際に収集したデータを「標本（サンプル）」というのだが、標本の対象者が母集団と同じようなバランスが取れていて偏りがなければ問題ないとされている。

では、どのようにして偏りのない標本を集めるのかというと、とくに選択基準や条件などを何も設けずに有権者全体からランダムに選び出すのである。これを「単純無作為抽出」という。

実際に全国の有権者一人ひとりに対してアンケートが取れればそれに越したことはないが、それを行うためには膨大な費用と時間がかかってしまう。そこで、このような方法をとるのである。

単純無作為抽出は、いわば「世界が100人の村だったら」というのと同じ感覚だと考えればいいだろう。

仕事も数字で考えれば簡単に全体像を把握できる

数字で小分けするとゴールまでのプロセスが見える

1チームを5人編成にして全国で1000件の新規契約を取る、あるいは10日後にA4コピー用紙200枚分の資料をデータ化するなど、時には誰が見てもとうてい不可能と思われるような仕事が舞い込んでくることがある。

このようなノルマを前にして、とにかく急げとばかりに何のプランも練らないままに突っ走ってしまう人がいるが、それではうまくいくはずはない。それよりも、まずはその仕事を一度数字でとらえてみて、全体像を把握することが大切だ。

たとえば、5人で1000件の契約を取るというノルマを達成するためには、1人当たりにすると200件の契約を結ぶ必要がある。

それでもまだまだキツイように思えるが、それを47都道府県単位で考えると各県

4件ずつ契約を取ればいいという計算になる、がんばればできない数字ではないという気がするのではないだろうか。同じように、10日後までに200枚分の資料をデータ化するという仕事についても、まず日数で枚数を割ってみるといい。となると1日20枚をこなせばいいことになる。

20枚なら部内で手分けすれば午前中に6枚、午後に10枚、残りの4枚は1日に2時間残業してこなせばなんとかなるという見通しが立つ。

このようにやらなければならないことを数字で小分けにしてみると、ゴールにたどり着くためのステップを頭の中でイメージすることができるのだ。

このような方法は、イチロー選手などがよく語っている夢を実現させるときのプロセスと似ている。

まだ手の届かないところにある大きな夢をいきなり実現させようとすると、何をどうすればいいのかわからなくなるが、現時点でできることをたゆみなく積み重ねていけば徐々にゴールに近づいていくことができるのだ。

ゴールが見えれば人は動くことができる。数字は人を効率のいい行動に導いてくれるのである。

「数字に強い」ことは「数学が得意」とは違う

「本質」は数字にあらわれる

子供の頃から数学が苦手だったので数字を扱うのは苦手です、という人は少なくない。たしかに、数学でつまずいた経験があると、ちょっと大きな数字を見るだけでアレルギー反応を起こしてしまいそうになるものだ。

だが、「数字」に強いことと、「数学」に強いこととは根本的に違う。

たとえば、新聞を読んでいて「ハイブリッド車、累計販売台数65万台」という見出しが眼に飛び込んできたとしよう。

こんなとき、「燃費がいいし、やっぱりハイブリッド車って売れてるんだ」と思うか、それとも「日本の自動車の登録台数って何台だったかな？　ハイブリッド車は全体の何割を占めているのかな」と考えるか。後者なら間違いなく数字に強い人である。

数字に強いということは、世の中で起きている物事の背景まで数字で考えられるということだ。

つまり、ややこしい数学の知識などなくても小学3、4年生の算数程度の知識があれば十分だし、誰にでも世の中の現象を読み取ることができるのだ。

ただし、さまざまな用語の意味を最低限理解しておくことは必要だ。

たとえば、アメリカ経済の先行きを予測するのによく出てくる言葉が「住宅着工件数」だ。

これは、新しく家が建つとそれに伴って家具や家電製品の売上げも伸びることから、住宅がたくさん建てば景気も上向きになるということを示している。だから、「米・住宅着工件数、2・7パーセント増」などという見出しが出ていたら、日本の家電メーカーの販売実績にも注目したいところだ。

やたらと数学に強すぎて、さまざまな指数をチェックしてついあれこれ計算してしまうより、このくらいの感覚で数字とつき合ったほうが物事の本質が透けて見えるのである。

50人に1人がタダと10%オフはどちらが得か

お買得情報の裏にある面白いカラクリとは?

街を歩いていると、さまざまな数字が眼に飛び込んでくる。

ファストフード店の「朝だけハンバーガー100円」のチラシや、予備校の窓に書かれた「東大合格100名!」の文字、マンションの「150戸即日完売」のポスターなどもそうだ。

ひと昔前には「50名様に1人! レシートに当たりが出たら購入金額が全額無料」などというキャンペーンもあった。

〝全額無料〟などという刺激的な文字を見れば、たとえ当たるのが50人に1人だったとしても、ちょっと買い物でもしていこうかなと思うのが人情だ。

しかしその反面、こんな大胆なことをして経営は成り立つのかなと、他人事ながら心配もしてしまうのではないだろうか。

だが冷静に考えてみると、50人に1人が無料になるということは、仮にその店の1日の来店者数が100人だとすると当たるのは、そのうち2人。割合にするとわずか2パーセントである。

もし、ふだんの客単価が1000円だとすると、1日10万円の売上げが9万8000円に減ってしまうが、店側にはキャンペーン効果で客数がいつもよりも伸びるだろうという読みがある。

さらに、当たりが出たら無料になるのだと思うと、いつもより少し多く買い物をする客も増えるだろう。客単価が1割増えるだけで売上げは1万円アップするのだ。

つまり、来店客数と客単価の相乗効果によって、50人に1人の全額無料は店側にとってみれば痛くもかゆくもないのである。

ほかにも、「ケータイ新機種への交換、今ならタダ！」とか「マンションを購入されたお客様に引越し代金100万円プレゼント」などといった売り文句がある。

客にとってお得な情報とは、売り手にとってどのようなメリットがあるのか。裏を読んでみると意外と面白いカラクリに出会えるものである。

原価率をいくらにするかで商売のスタイルが決まる

数字をとことん追求すると結果がついてくる!?

1杯のラーメンからプライベートジェット機まで、世の中にはじつにさまざまな商品が出回っているが、これらの価格はどのように決められているのだろうか。

商品価格の中に含まれているのは原・材料費だけではない。そこには店や会社を運営するための人件費、光熱費、開発費用、事務費、宣伝広告費などのさまざまな経費と、そしてもちろん利益も含まれている。

だから、たとえば飲食店で儲けようとすると、まずはできるだけ食材などの仕入れを安く抑えて原価率を低くするのが先だと考えるだろう。

ちなみに、多くの飲食店の原価率を約35パーセントとすると、それを30パーセントくらいにまで落とすのだ。

だが、このような考え方だと本末転倒な結果になりかねない。

なぜなら、原価率を落とすということは、よほど特殊なルートでも持っていないと食材の質を落とすことになる。

食材の質が落ちれば、当然味も落ちる。これでは客のほうも満足度が低くなって客足が遠のき、店が存続することすら難しくなってしまうのだ。

では、原価率を高くすればどうだろうか。たとえば１０００円の料理の65パーセント、つまり６５０円を食材費に当てるのである。

素材がいいのだから、きちんとしたプロの料理人がつくればおいしい料理に仕上がるのは間違いない。そして、残りの35パーセントで店を運営する仕組みをつくるのだ。

じつは、この方法で成功した立ち飲みイタリアンやフレンチの店もある。原価率を高くして本当においしいものを提供し、立ち飲みスタイルで客席の回転率を上げて利益を出す仕組みを生み出したのだ。

それがどれだけ非常識であっても、あきらめずにとことん数字を追求することで満足できる結果が出せるのだ。

相手を説得したいなら熱意より具体的な数字

シミュレーションを怠ってはいけない

うちの部署は細かで煩雑な事務的な作業が多すぎて、本来誰もがやるべきことに十分な時間をかけられていない――。

そんな非効率的な現状を上司や社長に伝えたいときには、ただ「忙しいので人を入れてください」というだけでは了解してもらうのは難しいだろう。

逆に、もっと時間をうまくやりくりできないかとか、ほかの社員と分担するようになどと、もっともらしい指示を出されておしまいということにもなりかねない。

そんなときに効果的なのは、「数字」を整理して自分の提案がいかに正しいかをシミュレーションすることだ。

たとえば、事務作業のためにどれくらいの時間がかかっているか、それによって発生する残業代はどれくらいかかっているのかということだ。

さらに、それを専門のパートスタッフに引き受けてもらうことでどれくらいのコストがかかるかなど、数字を集められるだけ集めて分析してみるのだ。

そのうえで、「私たちの勤務時間のうち約3割は日々の業務に費やされており、本来進めるべきプロジェクトに十分な時間がとれていません。部署全体の1か月の残業代は約30万円にのぼっており、仮に業務を代行してくれる人を雇って月10万円を支払ったとしても20万円のコストカットになります」というふうに説明してみるとどうだろう。

このように具体的な判断材料を提案されると、相手は端《はな》から受け入れるつもりがなかったことでも、一考してみる価値はあると思えるようになる。高いと思い込んでいたハードルを下げられるので、説得しやすくなるのだ。

ちなみに、このような説得をする場合の数字は、必ずしも正確でなくてもいい。

業務のコストダウンにつながる提案をしたい場合なら、だいたいの金額を挙げ、そこからどれくらいの経費を削減できるのかを説明するのだ。

つまり、相手に自分が分析した考え方を示せればいいのである。

数字で見れば宝くじほど無謀な賭けはない

期待値で選べば損はしない!?

給料日近くになってサイフの中身が寂しくなってくると、あと数日を乗り切るために少しでも稼げれば…とつい手を出してしまいそうになるのがパチンコや競馬といったギャンブルだ。

だが、ギャンブルは当然、勝つこともあれば負けることもある。

そこで、できるだけ勝つ可能性を高めるためにはどうすればいいか。それは、負けるリスクの高いギャンブルには賭けないことだ。

というと、「勝つか、負けるかだから確率は2分の1」と考える人もいるに違いない。たしかに感覚的には間違っていないが、それではすべての賭け事に当てはまってしまうことになる。

じつは、ギャンブルにはそれぞれに「期待値」というのがあるのを知っているだろうか。期待値とは、賭けた額に対して手元に戻ってくる金額を百分率ではじき出したものだ。たとえば、大阪商業大学の谷岡一郎学長の著書『ツキの法則』（PHP研究所）によれば、競馬などの公営競技は期待値が75パーセント、パチンコは約97パーセント、宝くじでは約46パーセントになるという。

なぜ、このように期待値が異なるのかというと、賭け事には必ず運営者がいる。つまりは胴元である。この運営者の取り分を「控除率」というのだが、この控除率が高ければ高いほど配分される金額は減る。そうなると当然、期待値は低くなってしまうのである。

だから、できるだけ負けない勝負に挑むなら期待値が約97パーセントのパチンコが最も有利ということになる。

一方、期待値が約46パーセントの宝くじは、確率的には1万円分のくじを買った時点で5000円以上が無駄金になっているようなものなのだ。

宝くじなんて夢を買っているようなものだと口にする人は多いが、その感覚はあながち間違っていないのである。

Chapter 3

どんなデータも思いのままに操れる秘密のキーワード

激ウマ1000円のラーメンか、そこそこ3000円のラーメンか──平均

アンケートからわかる客の「平均値」

ファミリーレストランや回転寿司などのようなチェーン店の飲食店に行くと、テーブルの隅にアンケート用紙が置いてあることがある。

まず年齢や性別、職業などのチェック欄があり、その後に「当店にはどれくらいの頻度でご来店されますか？」、「味はいかがでしたか？」などの質問が並んでいるのがパターンだ。

そして、それらの質問には「週に2~3回以上、週に1回以上、月に1回以上、その他」とか「とてもおいしい、おいしい、あまりおいしくない、おいしくない」などの答えが並んでおり、その中から選んで答えるようになっている。

データの分析に携わっていない人なら、その解答方法があまりにも大雑把すぎて、

いったいこのアンケートは何の役に立つのだろうと思ってしまうだろう。

これは、じつは大勢の人の感想の「平均」を出すのに活用されているのだ。

レストランなどの飲食店は、オープン時にある程度ターゲットとなる客層を想定しておくものだが、実際にその通りの客に好まれるかどうか、客足が伸びるかどうか、これればかりはふたを開けてみなければわからない。

実際には、想定外の客が来て店の人気に火がつくこともありえるからだ。

そんなときに、このようなアンケートで客の情報を集めてその平均を出しておけば、足を運んでいる客層と傾向を把握できる。

いったいどれくらいの頻度で来店しているのか、客は何を求められているのかがわかれば、今後の経営にも役立てることができるのだ。

ちなみに、あるラーメンチェーンでは価格を低く抑え、味はあえて「そこそこ」を目指しているという。

すごくおいしい1000円のラーメンは一度食べたら満足されてしまうが、ふつうにおいしくて300円台なら何度も足を運んでもらえる。

「そこそこの味」には、客には気づかないそんな戦略が隠されていたのである。

調べる範囲を広げる、狭める、どちらが適切か——データ範囲

絞り込む範囲は「自分が知りたいこと」

データを集めて分析する場合、どんなデータを使うかによって結果が異なってくることがある。

たとえば、株価の動向を知りたいといったときには日経平均のデータを参考にするだろうが、今日のデータ、ここ1か月のデータ、そして過去1年のデータとさまざまな種類がある。

仮に今日だけを見て株価が下がっていたとしても、1か月というレンジで見たらだいたい上昇傾向にあり、今日の下落はわずかなものでしかないことがわかるかもしれない。

さらに、1年単位では上昇と下落を繰り返していて、ひと言ではその傾向を表現

するのが難しいということもありうる。

このように、同じテーマでもどの範囲をピックアップするかによって得られる情報は違ってくるのである。つまり、データを有効活用するためには、この範囲の設定が大事になってくるわけだ。

このとき、「そのデータによって自分が何を知りたいか」をポイントにすると、絞り込む範囲を間違えずにすむ。

もし、女性用化粧品を開発するので女性の意識の変化と今後の傾向を知りたいというのであれば、当然、対象は女性になる。そのうち、化粧品を使う年齢を考えて20代をメインにしてもいいだろう。だが、これがアンチエイジングの化粧品なら年齢の範囲を40代や50代へと広げることになるといった具合だ。

データはたくさん集めればいいというものではない。目的に合ったデータが集まってこそ、正確な分析ができるのだ。

場合によっては週単位と月単位のように、データを比較したほうがわかりやすいこともある。その際には両者の違いが起きた原因まで検討しておくと、よりよい分析結果を得ることができる。

グループに分けて考えるのが情報分析のポイント——カテゴライズ

まず〝大きなくくり〟で考えてみる

今日のテーマは「塩」です。このテーマについてさまざまな角度から情報を分析してくださいといわれたら、どのようにして分析を始めるだろうか。

ノートや紙の真ん中に「塩」と書いて、そこから「塩の定義」とか「塩の種類」、「塩の歴史」などというように、テーマを軸にして情報を掘り下げていこうとする人もいるのではないだろうか。

だが、それだけではある程度まで調べると行き詰まってしまうし、誰もがあっと驚くような情報や結論にたどり着くことはできないだろう。

情報を分析するときに必要なのは、狭い範囲の情報だけではなく、多岐にわたる幅広い情報だ。

◆グループを“ひとつ上がってひとつ下がる”思考術

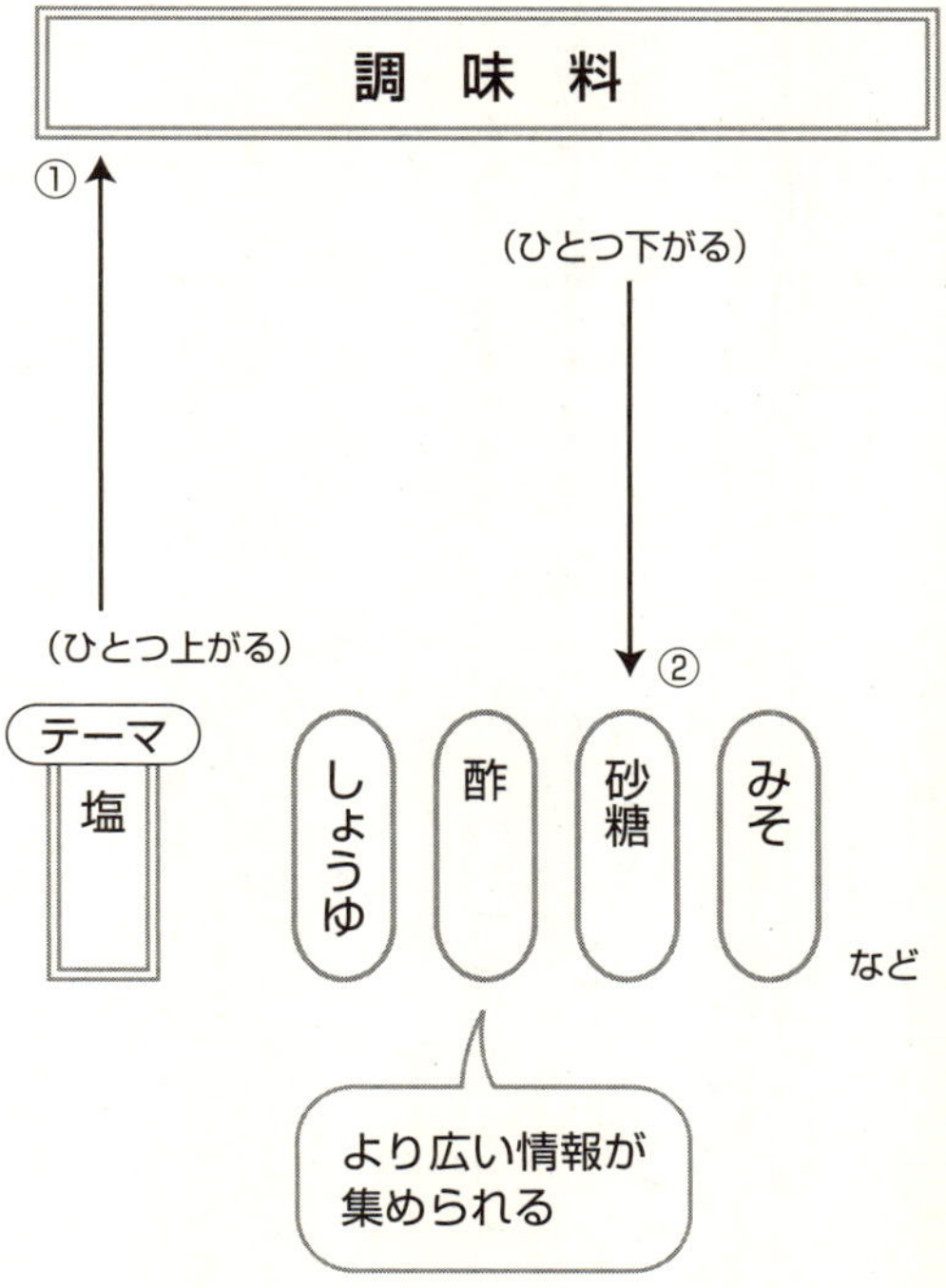

そこで、ひとつの物事についてより広く、そしてときには深く情報を集めて分析するためには、まずテーマとなっているものが属している「ひとつ上のグループ」は何かと考えてみるといい。

ひとつ上のグループとは〝大きなくくり〟のことである。

たとえば、「リンゴ」ならひとつ上のグループは「果物」であり、「小説」であれば「書籍」、「冷蔵庫」であれば「家電」などといった具合だ。

となると、塩の場合なら「調味料」である（①）。

そして、そこからもう一度下のグループに戻り、先に塩と書いていた部分に砂糖や醤油、みそ、酢などの調味料を列記していくのだ（②）。

もちろん、列記したものについても塩と同じように調べていくのである。すると、思いもよらなかったような分野の情報が集まり、それらが〝化学反応〟を起こしていいアイデアにつながるはずだ。

さまざまな情報を掛け合わせて追求していくことで、深みも幅もある情報分析ができるようになる。

グループをひとつ上がって、ひとつ下がる。ぜひ覚えておきたい思考法である。

お互いに関係し合って変化する数字に着目する――因果関係

洞察力を磨けば正しい解釈ができる！

「ボーナスの平均支給額が2年ぶりにアップ！」「○○牛丼店の売上げが20％減」など、新聞の見出しには毎日さまざまな気になる数字が並んでいる。

しかし、ただ数字を眺めただけで納得してはいけない。数字をあらゆる角度から分析することによって、その背後にある、現実に起こっていることが推測できるようになるのだ。

そのためにも「ビジネス」「企業」「経済」の3つの数字に強くなることが大切である。

まず「ビジネス」の数字とは価格や売上げ高、経費など、毎日の仕事で使う数字のことである。たとえば、業績が好調な店舗があるとしよう。売上げ高は客数に客単価をかけたもので、利益は売上げ高から諸経費を引いたものだ。業績が好調な店は、客数または客単価が伸びているか、あるいは経費を抑えていると推測できる。

次に、なぜ客数や客単価が伸びているのかを考えてみよう。周囲に競合店が少ないから、サイドメニューが豊富だからなど、いろいろな〝原因〟が思い浮かぶはずだ。すると、その店舗が現在置かれている状況はもちろん、店を取り巻く周辺の様子や変化、業界についても自然と見えてくる。

また、「企業」の数字とは、貸借対照表や損益計算書などの財務諸表の数字のことで、「経済」の数字とは株価、為替、金利、失業率など経済全般に関わる数字のことである。

経済における数字の場合、たとえば長期金利が上がれば住宅ローン金利も上がり、家計を圧迫させるなど相互に関連し合っている。

まずは身近な「ビジネス」の数字を理解して洞察力を磨いていけば、しだいに「企業」や「経済」の数字の裏に隠された真実、すなわち正しい解釈ができるようになる。

反対にいえば、「ビジネス」の数字の力をつけなければ、「企業」「経済」の数字を読み解く力は高まらないということだ。

◆数字を正しく解釈するための３つの視点

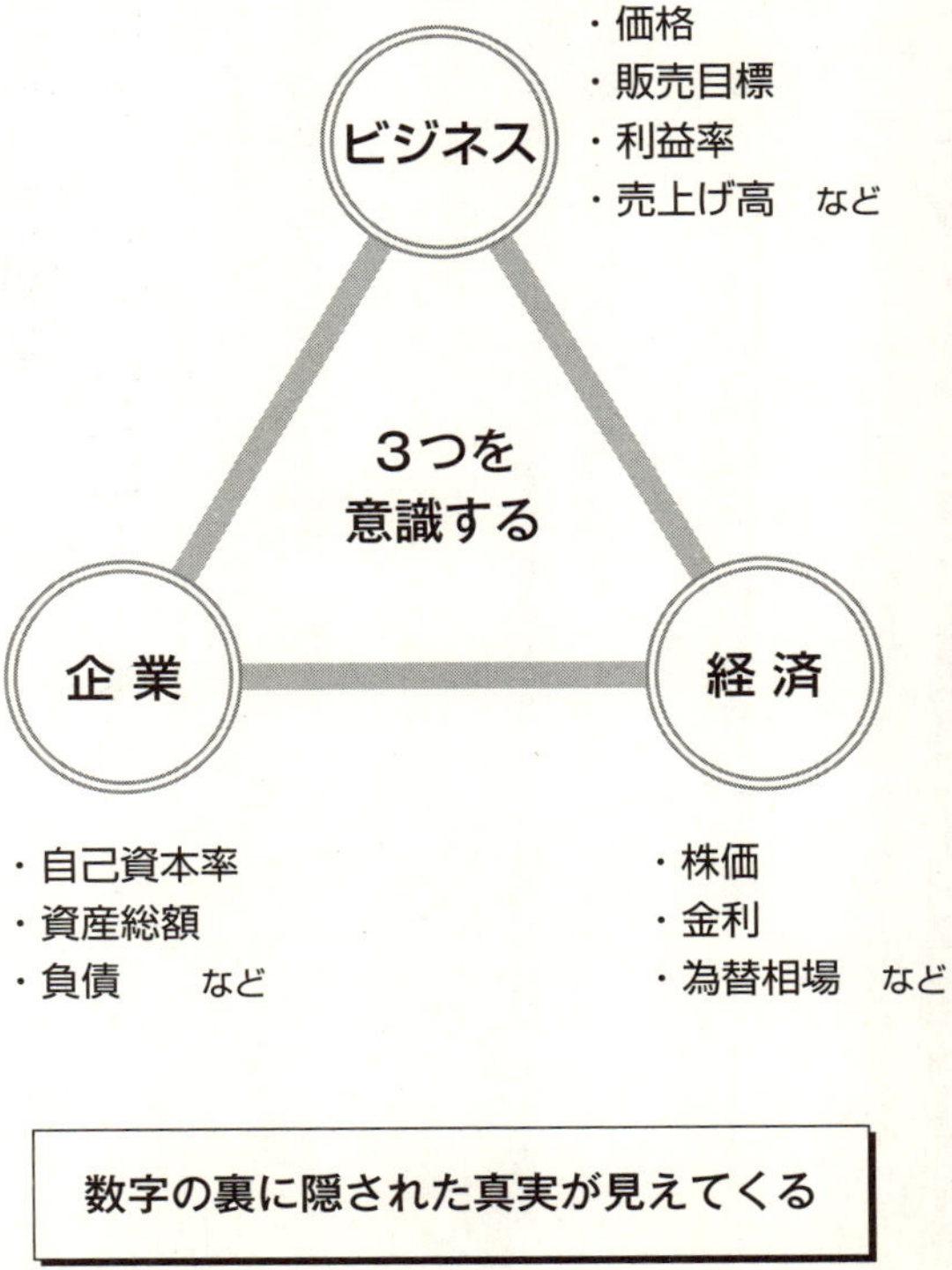

儲からない理由は「現在のどこか」にある——循環サイクル

因果関係がわかるサービス・プロフィット・チェーン

「負の連鎖」という言葉があるように、どこかで歯車が狂い始めると何もかもがうまくいかなくなることは多い。

ビジネスでも同じで、どこかで問題が起きているとそれが事業全体に波及して、すべての状況が悪化してしまうことはよくあることだ。

そんなときに必要なのが「現状分析」である。

たとえば、あるサービスを行っている会社が業績不振に陥っていたとしよう。理由は顧客離れだ。

サービスの質が低下しているから、もう利用したくないと消費者からクレームが届くようになり、その原因を調査してみると従業員の態度が悪いことに行き当たっ

◆サービス業における循環サイクル

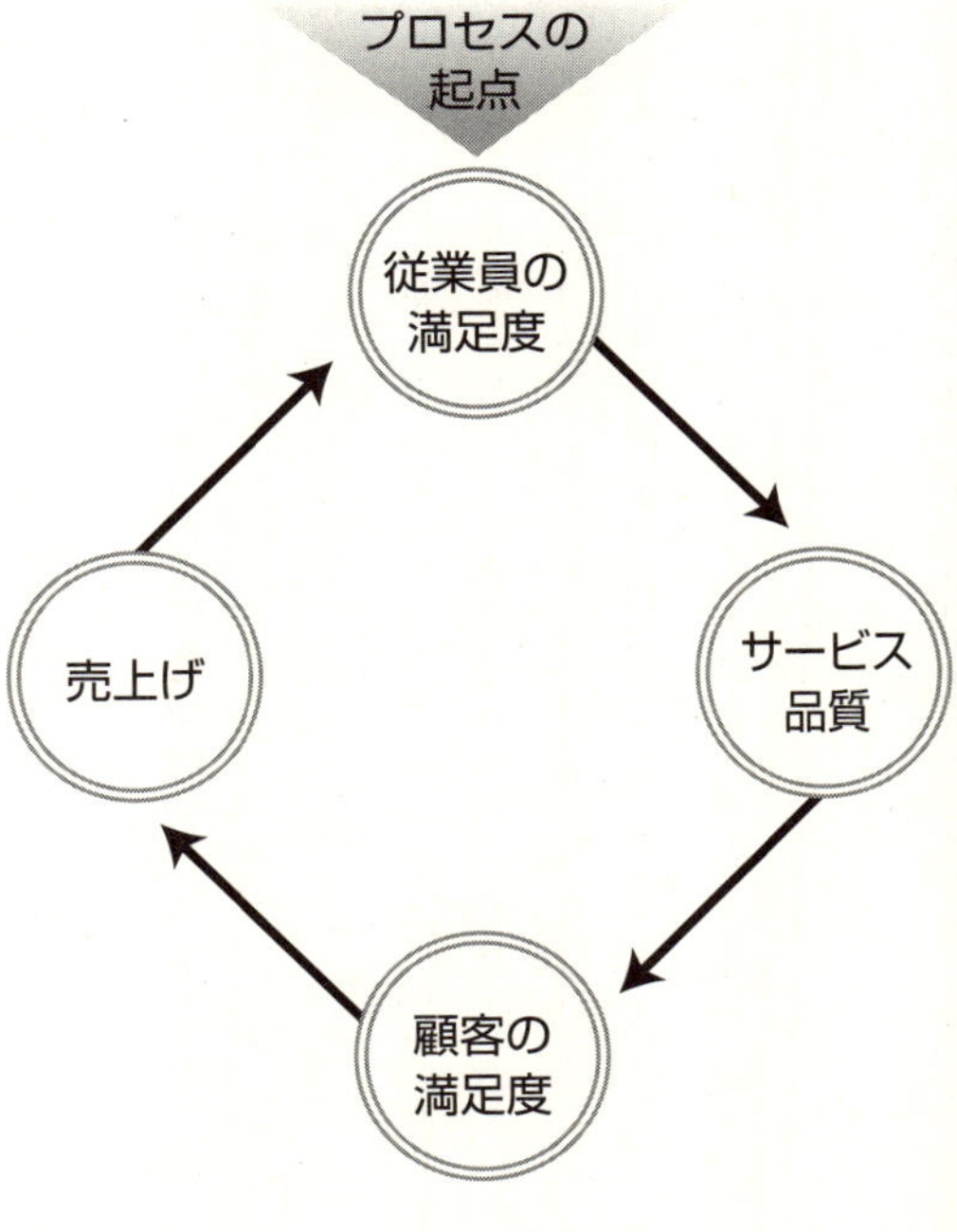

**起点を高めれば「正の連鎖」が起こり、
低くなると「負の連鎖」が起こる**

た。

さあ、こういったケースではどこを改善すべきだろうか。

これは、「サービス・プロフィット・チェーン」に当てはめてみると、サービスにおける利益と従業員や顧客満足との因果関係がわかりやすくなる。

企業に利益をもたらす理想的なサイクルというのは、まず社内環境や教育制度、評価制度が充実していて、従業員一人ひとりの職業意識が高いのが特徴だ。

そのため、常に高水準のサービスが提供できるうえ、顧客の満足度も高まる。それによって利益がもたらされ、その利益が従業員に還元されるというプラスの連鎖ができ上がっているのである。

このフレームワークに先の例を当てはめると、業績が伸びないのは従業員の態度に問題があるからであり、その原因は従業員の満足度が低いからという点に行き当たる。

つまり、いくら上から「ちゃんとやれ！」と叱咤されても、そこで働いている従業員の満足度が低ければ正の連鎖は生まれないのだ。

現状をしっかり分析していい流れをつくることで利益はもたらされるのである。

まずは〝当たり〟をつけてからそれぞれを検証する――仮説アプローチ

「もしかしたら」を洗い出してリスト化

もしも素敵な異性を見つけたとしてデートに誘いたいと思ったら、まずはどうやってアプローチしようかと考えるのがふつうだ。

その場合、いきなり誘ったら「逆に引かれてしまいそうなタイプだ」とか「以前にもこんな誘い方をしたら失敗したから、今回は違う手でいこう」などと、自分なりに仮説を立てるはずである。

じつは、データ分析にもこのやり方は当てはまる。

ある課題を前にして「さあ分析しろ」と言われたら、それはもはや雲をつかむような話でどこから手をつけていいかわからなくなる。そんなときは、最初にいくつかの「仮説」を立てて、ひとつずつデータの裏づけをとっていくのだ。これが最も効率的なのである。

たとえば、自社のウェブサイトへのアクセス数が少ないという「課題」の分析を命じられたとしよう。

分析というと、いきなり数字と向き合おうとする人が多いが、そのやり方は結果的に遠回りになる。ここで最初に行うべきは仮説を立てることである。

現状を客観的に眺めてみれば、いくつか思い当たるフシはあるはずだ。若い人にウケが悪いのかもしれないし、サイトのデザインが時代遅れなのかもしれない。あるいはサービスがターゲットに合っていないのかもしれない…というように、アクセス数が伸びない理由が次々と思い浮かんでくるだろう。

まずは、考えられる限りの「もしかしたら」を洗い出し、それらをリスト化してみる。大きな課題を攻略するには、自分なりに目星をつけてから取り組むのが賢い方法なのである。

さらなる「もしかしたら」で新たな仮説を立てる

では、思いつく限りの仮説を立てたあとはどうすればいいか。次に行うのは「検証」である。

この検証に役立つのが、課題の中に潜んでいる数字だ。たとえば、どの時間帯ならアクセス数が増えるのか、逆にどんなときにアクセス数が落ち込むのか…などは今あるデータで数字の傾向がつかめるはずだ。

もしも、昼間のアクセス数が多いのに夜が伸びないのであれば「若い人にはウケが悪い」という仮説もあながち見当外れではないことになる。

また、「アクセス数のわりには利益が出ない」のであれば、「サービスの中身がターゲットに合っていない」という仮説も成り立つだろう。

だが、最終的にどの仮説も数字で裏づけできなければ、さらなる「もしかしたら」を掘り起して新たな仮説を立てる必要がある。

「もしかしたら」の仮説は、直感や経験則などあらゆる方法で立てることができる。もちろん複数で知恵を出し合えば、それだけ仮説のバリエーションが増える。

大きな課題の分析は、結果としてこれを積み重ねるのが最善策だ。そして仮説の裏づけがきっちりとれて、問題点を浮かび上がらせた時点で分析は成功したといえるのだ。

データのばらつきを考慮に入れてリスクを減らす――標準偏差

データの大きさやばらつきがわかれば全体が見渡せる

ふだんよく目にする「平均値」だが、これはあるデータのおおよその傾向を表す数値で、基本的にはすべてを足したものを頭数で割って算出する。

しかし、この平均値だけに的をしぼって計画を立てると、しばしば失敗することがある。それは、データのばらつきに着目していないからだ。

そのデータのばらつきを表すひとつの数字が「標準偏差」というものである。

標準偏差とは、それぞれのデータと平均値がどれだけ差が開いているのか、その差の平均を出したものである。

たとえば、毎月の売上げ額の平均が1000万円、標準偏差が700万円という会社の場合、売上げは300万円から1700万円までとなり、月によってばらつ

◆「標準偏差」でわかる経営の安定度

標準偏差とは

集めたデータのばらつきを数値化する統計手法

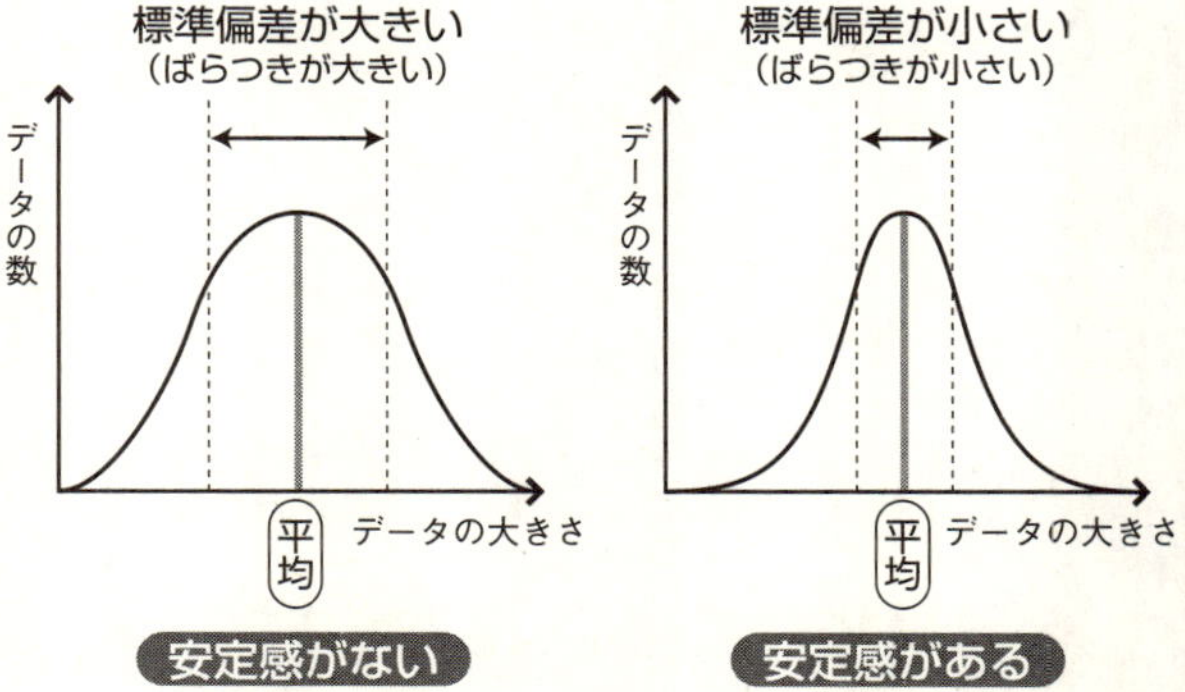

きの差が大きいことがわかる。つまり、この会社の経営は多少なりとも不安定要因があると推測できるわけだ。

それよりも売上げ額が平均６００万円で、標準偏差が１００万円の会社のほうが月々の売上げ額は５００万円から７００万円とばらつきは小さくなり、経営状態が安定していることを示している。売上げの平均値だけでは見えてこない内情を分析できるようになるのだ。

また、データにどれだけばらつきがあったとしても、平均値を中心に標準偏差の値分だけ左右に開いた範囲にデータ全体の３分の２が収まっているといわれる。

たとえば、ある店舗で１日あたりの来客数を１か月間調べたとしよう。１日の来客数が平均50人で標準偏差が15人であれば、50人からプラスマイナス15、つまり35～65人の範囲内に１か月の３分の２日間（約20日間）のデータが収まっているというわけだ。

このように、標準偏差がわかれば、データのばらつきの大きさや、データ同士の差がよくわかり、全体を想定して計画を立てることができるのである。

自分の優位な〝立ち位置〟を見つけ出す――ポジショニングマップ

空白の領域が狙い目

業界や市場において自社や自社の製品がどのようなポジションにいるかを把握するのは、販売戦略などを立てるうえで欠かせないことである。

たとえば新商品を例にすると、競合商品がすでに激戦を繰り広げている領域にわざわざ踏み込んでいくより、他社とかぶらないように〝すき間〟を探し出し、そこで顧客に販促をかけたほうが勝算もあるだろう。

そこで、それらがどのような位置にいるかを知りたいときに使うのが「ポジショニングマップ」である。このマップを分析することで、他社と差別化できる優位な立ち位置を見つけることができるのだ。

ポジショニングマップは、一般的に2つの軸を組み合わせて描かれる。たとえば、縦軸には高級感があるか、カジュアルかという購買決定要因となる要素を置く。そして、横軸には女性向けか男性向けかという要素を置いて、それぞれの商品が各軸のどの位置にあるのかを書き込んでいくという具合である。

マップの中で商品が密集している領域があれば、そこはいうまでもなく各社がしのぎを削る競争の激しいエリアになるので、この領域に手を出しても限られた顧客を奪い合うだけだ。効果的に売上げを伸ばせるとは考えにくい。

一方で、空白の領域があれば、そこにはまだ他社が乗り出していない新しいポジションということになる。このエリアにうまく商品を投入できれば、他社と差別化が図れて競い合うこともない。自社商品の独自性を発揮して、大きな利益につなげることも可能なのである。

ただし、他社がそれまで踏み込んでいないということは、そのエリアでの収益が難しいということも考えられる。ターゲットとなる顧客がそもそも薄いエリアだったり、何か技術的に問題があって手が出せないということもある。

優位となるポジションがなかなか見つからない場合には、いろいろな組み合わせを考えながら何度も購買決定要因となる要素を変えて分析してみるといい。

◆ポジショニングマップのつくり方

①同業他社の商品をマップの中に書き入れる

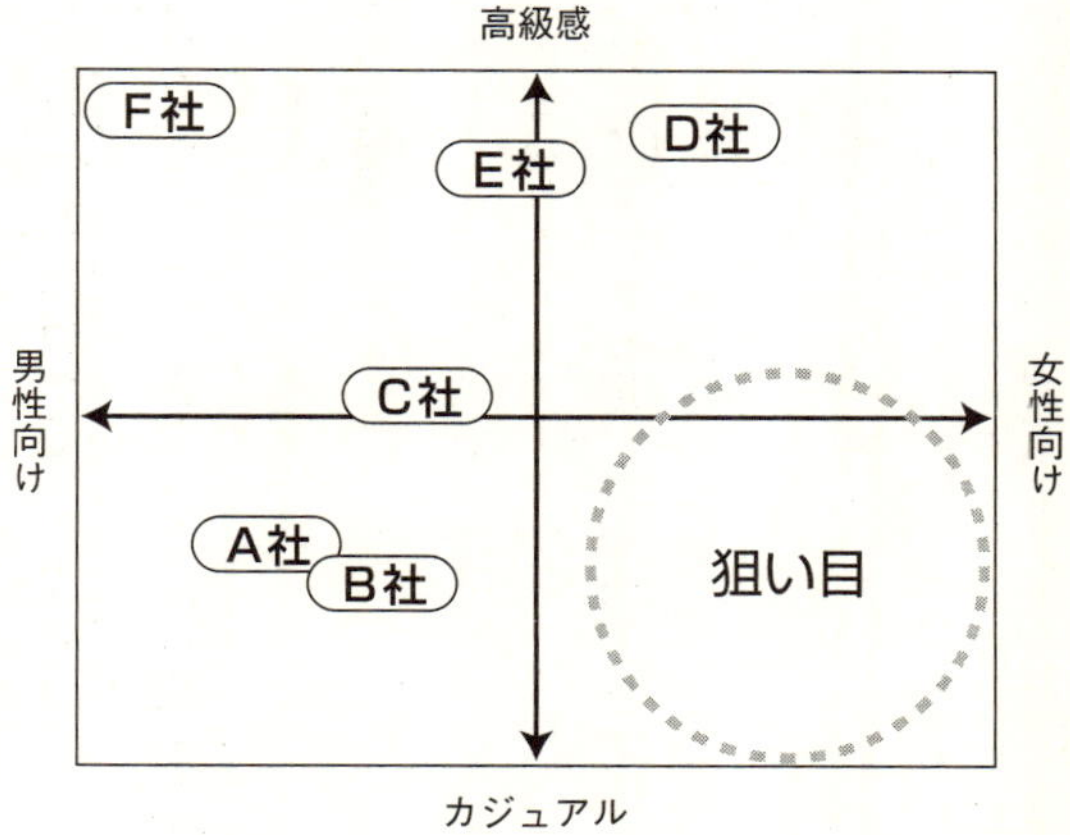

②どのポジションに入れば自社の商品が優位に立てるかを考える

広告、マーケティングに活用

その商品を買った目に見えない本当の理由を見つける――確率的効用

購買欲をくすぐる3つの要素とは?

スーパーマーケットにはいろいろな商品がそろっている。ペットボトルのお茶ひとつをみても、さまざまなメーカーのものが並んでいてよりどりみどりだ。

消費者はこのようにたくさんある選択肢の中から、なぜその1本を選ぶのだろうか。何気なく手に取っているようにみえても、消費者の心理というのは意外とデータに表れてくるものなのである。

その手がかりとなるのが、購買履歴のデータだ。このデータは、誰が、いつ、どんなブランド(メーカー)の商品を買ったのかがわかるもので、小売業者などが収集していることが多い。

このデータにはまた商品の価格も記録されているため、価格とブランドの選択にどんな関わりがあるかも読み取ることができる。

たとえば、あるブランドを1円安くしたらほかのブランドにどういう影響があったかを具体的に知ることが可能なのである。

もちろん、たいていは安いほうに魅力を感じるものだが、そうとも言い切れないのがブランドの面白いところだ。そのブランドが好きだとか、信頼できるといった理由で高くても買う場合もあるのである。これは、とくに高額な商品にみられる傾向だが、故障が多いといわれているにもかかわらず、外国車の人気が高いのはブランド力が大きいせいだといえるだろう。

また、購買履歴データの分析にはもうひとつ考慮に入れたいポイントがある。それは「確率的効用」である。

モノを買う際には、CMを見た、友人に勧められた、売り場でのパッケージが目についたなどの理由で購入を決めることもある。これらの目には見えない流動的な理由を確率的効用というのだ。

価格、ブランド力、そして確率的効用という3つの要素が影響し合って、消費者はどれにするか決めていたのである。

“同時購入”の履歴から売上げアップの戦略を立てる——クロスセリング

レシートをたどれば購入パターンがわかる

マーケティングとは、ひと言でいうと売れる仕組みづくりや、消費者が買ってくれる仕組みづくりのことである。

1人でも多くの人に買ってもらえる仕組みをつくるには、まず客の購買行動が起こるメカニズムを理解することが必要だ。これさえわかれば、どんなマーケティングミックス（製品・価格・流通・プロモーション）を提供すべきかがわかるからである。

そのためには、まず相手をよく理解しなければならない。

マーケティングの対象は1人ではなくより多くの人であり、しかも、一度にさまざまな消費者を相手にする。そのため、彼らの特徴をつかんだり、一部のデータから全体を推測したりできる統計学の応用は欠かせないのである。

私たちが買い物をするときはふつう、一度に複数の種類の商品を買うことが多い。店側に立って考えれば、来店客のこの〝同時購入〟が増えれば、たとえ客足が伸びなくても売上げを伸ばすことができる。

そこで、店や企業はこの同時購入を促すための販売促進策などを立てて、さらに売上げを伸ばそうと努力するわけだ。これを「クロスセリング」という。

たとえば、レシートを見れば同時購入の軌跡がわかる。レシート1枚を見るだけなら1人の客しかわからないが、蓄積したレシートのデータを使えば、その店における同時購買の傾向（マーケットバスケット分析）がひと目でわかるのだ。

ようするに、マーケットバスケット分析は膨大な数のレシートを〝要約〟し、客がどんな商品を一度に買ったのか、その傾向を把握しようとする手法なのである。

ただ、この分析だけでは年齢や性別、家族構成など同時購入した人の属性まではわからない。そこで店側は、ポイントカードなどを使って誰が買ったのかを特定する。このように、私たちが何気なくしている日々の買い物だが、誰が、何と何を一緒に買っているのかを店にチェックされているのである。

最後のツメが甘いときは、この考え方が武器になる——フロー型図解

時間の流れとプロセスがひと目でわかる

組織の中で働いている限り、仲間うちで情報を共有することは仕事の成否を占ううえでの重要な要素となる。

たとえば、大きなプロジェクトの進捗状況をチームの中で報告しなくてはならないようなとき、「先月の第1期でマーケット調査はおおむねすんでいます。その2週間後の第2期では試作に入りました。続く第3期では…」などと、この程度の内容なら口頭で説明しても理解できる。

だが、そこへそれぞれの具体的な戦略や消費者の反応など、付随する要素を加えようとするとたんに全体の流れはつかみにくくなる。こんなときは図解にして情報を可視化するのが最善策である。

◆時間的な流れを可視化する「フロー型」

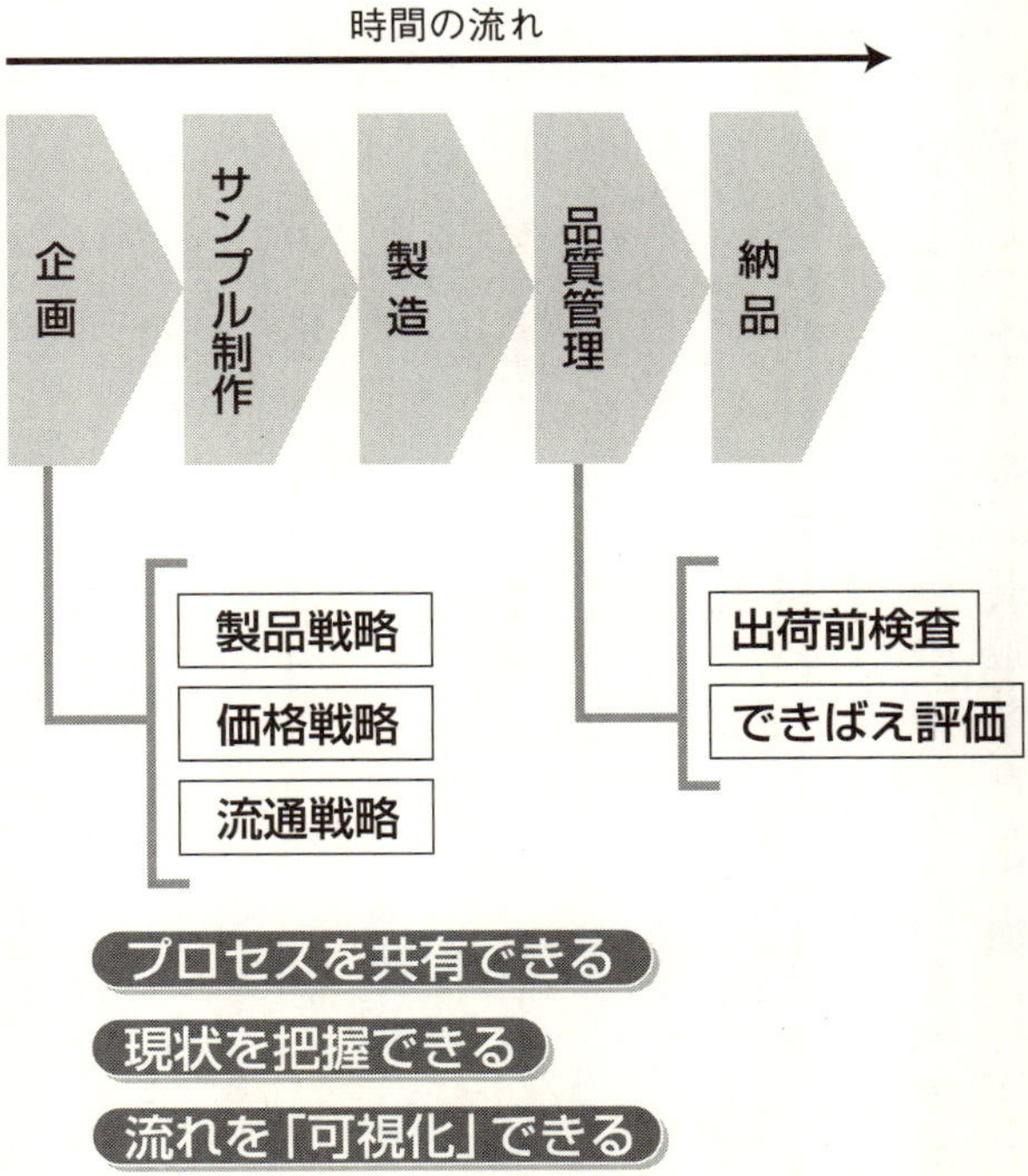

とくに、時間の流れとプロセスの関係を表したい場合は「フロー型」の図解が最適だ。これはいわゆるフローチャートと呼ばれるもので、一定方向の時間軸に向かって進んでいるプロジェクトを工程ごとにフレーム化し、時系列でまとめていくものである。

この図の優れているところは、ある工程では時間の流れが逆行していたり、複数の工程が同時並行することを表しつつも、全体ではちゃんと同じ方向（ゴール）に向かっていることがわかる点だ。

時間的な流れを可視化できるとともに、そのプロジェクトの停滞部分や課題となるところ、問題点の原因や結果なども浮き彫りにできる。また、「主流」に対して同時進行する「支流」関連のプロジェクト情報を書き込むこともたやすい。

文字だらけの報告書と異なり、誰の目にもわかりやすく、また追加項目や修正の書き込みも簡単だ。それに一度、枠組みをつくってしまえば、それをたたき台にしてさまざまな形にアレンジできるのも大きなメリットである。

この形で情報を共有すると、それを見た誰もがプロジェクトの分析に参加できるようになる。現状を客観視するためにも、ぜひ取り入れたい手法だ。

一部の情報から効率的に全体を推定する——データと予測

より正確な数値が出る観測データ

毎年恒例のハロウィンパーティーを開くために、案内のチラシを配布したら、さっそく21人の人から予約の電話が入った。例年の傾向を見てみると、参加者は7割程度が予約の電話を入れてくることがわかっている。

この情報があれば簡単に、事前予約をしていない人と予約をせずに来場する人の数を足すと30人、多く見積もって35人くらいかな？　と予測できる。

このような予測ができるようになると、料理やプレゼントの数が多すぎたり、逆に足らなくなったりというような事態も少なくなるのだ。

できるだけ正確な数値を出すためには、「予約をする人は参加者全員の7割くらい」というデータが必要になるので、ふだんから数字に敏感になっておきたい。

Chapter 4

分析のプロは「図」と「グラフ」の裏を読みこなす！

折れ線グラフの〝目盛り〟から作り手の思惑が透けて見える

目盛りをいじるだけで都合のいいデータが作れる

折れ線グラフというと、小学生のときに使ったグラフ用紙を思い出す人もいるのではないだろうか。気温の変化や商品の普及率など、ひとつのテーマの変化や動きを表すのに便利なのが折れ線グラフだ。

ただ、そのグラフ用紙でつくったときのイメージが忘れられないせいか、折れ線グラフは目盛りをタテとヨコを均等にとるのが当たり前だと思っている人も少なくない。

しかし、グラフの目盛りはもちろんタテヨコ均等である必要はない。むしろ、作り手がそのグラフを見る人に何を伝えたいか、何を訴えたいかによって目盛りの幅が〝操作〟されていることもあるのだ。

◆目盛りのとり方ひとつでグラフの“意味”が変わる

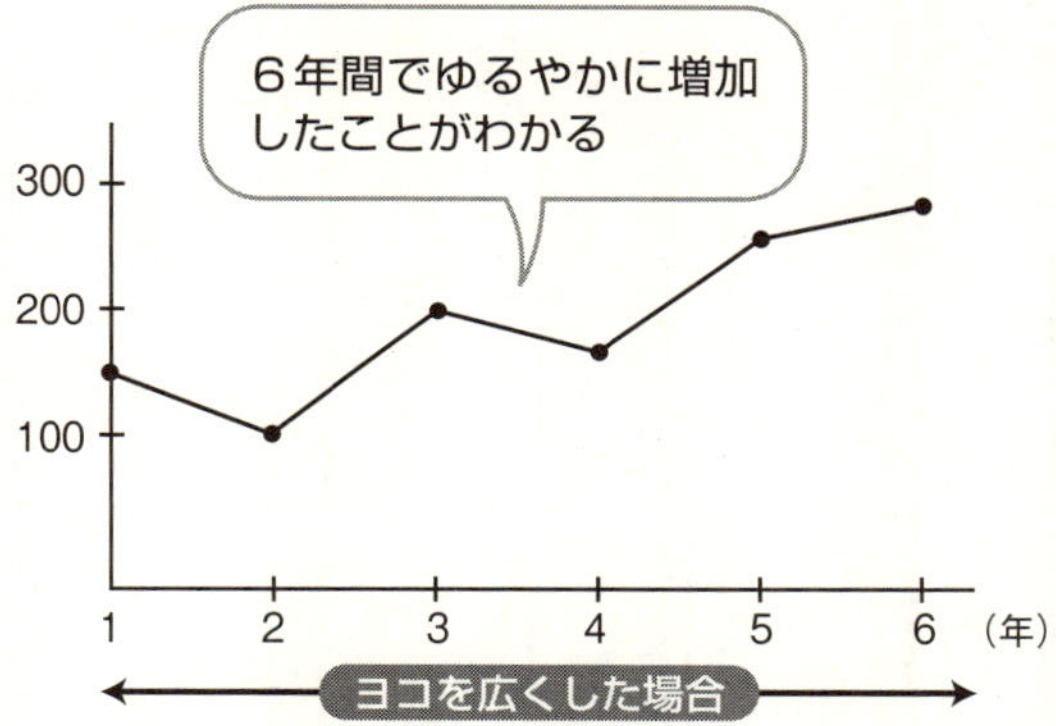

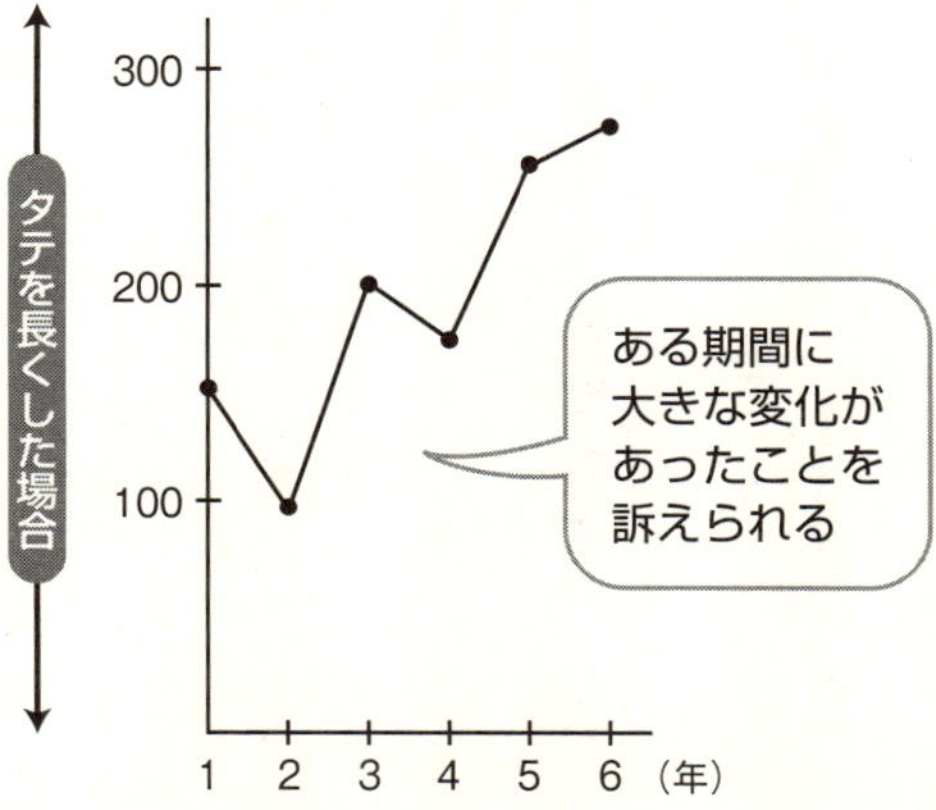

たとえば、ある商品の普及率を表したグラフがあるとしよう。

これを、年数を示す横軸の目盛りを広くして横長のグラフにすると折れ線の形がゆるやかになり、その形から発売から現在までの経年変化の大きな流れがわかるようになる。

一方、同じデータでも、数を示す縦軸の目盛りを大きくとり、年数を表す横軸の目盛りを狭くした縦長のグラフにすると、横長のグラフとは点と点をつないだときの線の傾斜がまったく異なってくる。1年ごとの増減の差がくっきりと大きくなって表れるのである。

つまり、縦の目盛りを大きくとったグラフは、変化する過程をより強調したいときに適しているのである。

ちなみに、変化が大きくなっている部分にその年に起きた象徴的な出来事などを書き加えたりすることで、情報提供者にとって都合のいいデータを意図的に演出することもできる。

グラフを読むときは、そんな作り手サイドの隠された思惑や意図を見抜けるようにしたいものだ。

平均点がいい人は本当に中身も平均的か？——平均の裏側

偏差では奇妙な逆転現象が起きる

いくつかの数字をまとめておおまかな傾向を表すときには、よく「平均値」を使うことがある。たとえば、テストの平均点を知りたいなら、全員の点数を合計してそれを頭数で割るといった具合だ。

全体像をざっとつかむには便利な方法だが、これはあくまでも全体を平らにならした数値だということを忘れてはいけない。

もし、テストの平均点が70点だったとしても、ほとんどの人が70点をとったと考えるのは早計だ。

というのも、その中には30点の人もいれば100点満点の人もいるからである。

クラス全体の点数分布を棒グラフで比較してみれば、70点より高い点数と低い点数の人数が多く、平均点の人はごくわずかというケースもありうるのだ。

そうすると、このクラスはだいたい70点レベルの人が集まっているわけではなく、平均以上と平均以下という2つのグループで構成されていることがわかる。

また、全教科の平均点がいい人は、どの教科でもいい成績をとると思いがちだが、そうともいい切れない。

たとえば、5科目の合計点で学年順位が決まるとしよう。その合計点ではA君がトップでB君は3位だった。平均点で考えれば、もちろんA君のほうが上だ。

しかし、個々の科目で見れば、1科目を除いてB君のほうがいい点数をとっているのである。

なぜ、B君がトップにならないのか不思議に思うところだが、これはA君に飛び抜けて成績のいい科目があったためだ。その1科目が全体の平均点を大きく押し上げる効果を上げたのである。

それぞれの科目の点差が大きければそのままB君がトップになるものの、僅差だったときにはこうした奇妙な逆転現象が起きる場合もあるわけだ。

平均点だけにとらわれず、その奥を深く読むことも必要だといえる。

ついダマされてしまう数字の「誤用」トリックとは？

比較できないデータには〝補正〟が必要

ここに、映画館の年間来館者数を男女比で表したグラフがあるとしよう。それによると、男性の来館者数を「1」とすると女性は「1・4」だった。

この比較による結論として、「映画館で映画を観ることは、男性よりも女性のほうに好まれている。だから、もっと女性に喜ばれる映画をつくるべき」と締めくくられていたら納得できるだろうか。

もちろん、納得できないという人もいるだろう。

これは、いわゆる「誤用」というもので、元来、比較ができないものを比べてしまっているために、誤った結論が導き出されているのである。

なぜ、この結論は誤っているのかというと、そもそも映画館に足を運べる日数が男女ではかなり違ってくるからだ。

たとえば、専業主婦の女性であれば、観たい作品があれば平日の昼間に映画館に行くこともできる。さらに週に1度の「レディースデー」なら、女性は終日1000円で映画鑑賞が楽しめる。

だから、人気の映画となると、平日の午前中にもかかわらずたくさんの主婦で席が埋まることもめずらしくない。

一方で、会社に勤めている男性が映画館に行ける日は限られている。仕事が休みの週末や、もしくは退社後のレイトショーくらいしか選択肢はない。

つまり、1か月間で来館できる日を比べてみると、女性のほうが圧倒的に映画館に行ける日数は多いことになる。これは、そもそも比較しても意味がないデータを比較しているとみていいだろう。

そこで、このような比較できないデータを分析するためには〝補正〟が必要になってくる。

男女の来館可能時間や日数を割り出し、それらの要素をプラスして数字を補正しなければ正しい分析結果は得られないのである。

◆「誤用」が起こりやすいデータとは

〈映画館の来場者数〉

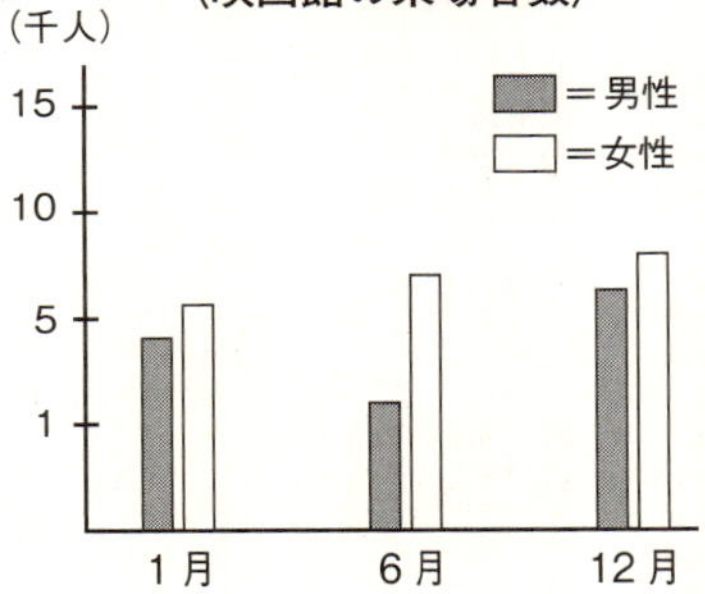

このデータだけを見て「女性のほうが映画好き」と結論づけるのは間違い！

正しく分析するには…

男女の条件の違いを考慮して数字を補正する

図やグラフで使われる「点線」にはどんな意味があるのか

現実と未来を分ける1本の線

会議やプレゼンテーションでは図を使って説明することが多い。

「過去10年間の売上げは、○年がいくらで…」と、口頭で説明されるとわかりにくい内容でも、それが図やグラフで示されれば一目瞭然になる。

その点では、図解というのは説明をする際に効果的なテクニックのひとつだといっていいだろう。

ただ、図を見る側にもちょっとした知識があると、よりスピーディーに理解できるようになる。

たいていの図は実線で書かれることが多いが、ときおり点線が使われていることがある。この点線は単にデザイン的なメリハリをつけているわけではない。

多くの場合、それが意味しているのは過去の出来事や将来の予定や計画だと考えていいだろう。つまり、現時点では存在していないものを示しているのだ。

たとえば、A社とB社がこれから合併しようとしていることを表したいなら、両社の間を点線でつなぐという具合である。

合併はあくまでも予定であるにもかかわらず、実線で結んでしまうとすでに行われた出来事のようにとらえてしまうことがある。そこで、点線を用いることで現実と未来を区別しているのだ。

逆に、以前は協力関係があったものの、今は解消されているといった場合も点線で描かれる。これも現存しない過去の出来事を示すという意図があるのだ。

また、A駅とB駅の間に新しい駅ができる計画があるといった場合には、新駅そのものを点線で描くこともある。企業同士の関係性だけでなく、実在していないモノを表すときにも有効なのだ。

図解に点線で書かれた部分があったら、予定、見込み、過去、元～という内容が含まれていると考えよう。これがあることで、図が訴えたいことは飛躍的に広がるのである。

ひとつのデータなのに いくつものグラフができてしまう理由

変化量で見るか、変化率で見るか

グラフは数値の変化がひと目でわかるので、たいへん便利である。ただし、目盛りのとり方やグラフの形にも注意すると、もっといろいろなことが読み取れる。

まず、縦軸の目盛りが「変化量」になっているか、あるいは「変化率」を示しているかに注目したい。

変化量なら個数や金額の推移を、変化率ならどのくらいの割合で増えたり減ったりしているかを表しているのである。

この目盛りのとり方でグラフの印象は大きく変わってくる。

たとえば、1年目は10個しか売れなかった商品が、2年目は100個売れ、3年目は200個売れたとしよう。

これを変化量で見たとすると、順調な右肩上がりのグラフになる。

ところが、変化率で考えると1～2年目にかけては10倍の伸びになる一方、2～3年目にかけては2倍しか伸びていない。つまり、販売個数は増えていても、伸び率としては下がっていることになるわけだ。

このように変化率を用いた目盛りを「対数目盛」と呼ぶ。一方の軸だけが対数目盛になっていることもあれば、縦横ともに対数目盛になっている場合もある。

また、グラフの形にはある種の傾向が表れる。

左がグンと高く、右にいくに従って低くなる曲線は「パレート曲線」と呼ばれる。別名8対2の法則ともいわれるように、上位の2割が全体の8割を占めていることを示す。たとえば、一部の売れ筋商品がシェアの大半を占めているといった具合だ。

また、わずかに左肩が高くても、あとは同じように低い数字が延々と続いているグラフは「ロングテール」という。一つひとつの商品の売上げは小さくても、それらの商品をたくさん集めることで大きな売上げにつながるという意味だ。

ちなみに、ロングテールは多数の商品を掲載しておけるオンライン上の商業モデルとして使われることが多い。

平均値は〝山の形〟を正確に見極めないと見誤る

平均＝「ふつう」「最も多い層」ではない

年齢を重ねれば体重の増加が気になるところだが、自分と同年齢の平均体重を聞いて、それと大差がなければ「自分だけが特別太っているわけでもないんだな」と誰もが胸をなでおろすだろう。

この例のように、一般的には「平均」という言葉を「ふつう」もしくは「最も多い層」だととらえがちだ。だが、前述のとおり場合によってはそうでないケースもあるのが「平均値」のなせるワナである。

たとえば、ある会社の平均年収が550万円だったとしよう。この数字をみれば、「自分もそのくらいもらえるのなら働きたい」という気持ちになるが、現実は年収1500万円の役員が2人、年収600万円の社員が2人、年収300万円の社員が8人だったとしたらどうか。

たしかに計算上、この会社の平均年収は550万円となるが、この数字は「ふつう」でも「最も多い層」でもない。単に社員全員の年収を足して社員の総数で割っただけの数字だ。

たとえば、「30代の日本人男性の平均体重」というような調査対象が大きい統計ならともかく、このような分母が小さい場合の平均値をみるときは、数値だけで判断をしないでグラフの形に注目したほうがいいのである。

この手の数値をグラフにすればふつうは山形になるが、この会社の年収データは山にはならず、1500万円、600万円、300万円という3つのゾーンができる分布図になるはずだ。そうすれば、この平均値が無意味であることがおのずとわかるだろう。

実際とのギャップが少ない「中央値」

では、この場合の「ふつう」はどのように導き出すことができるのか。それには「中央値」を出すのが手っ取り早い。

中央値は数値を高い（低い）ほうから順に並べたときの真ん中の数字のことで、先の会社の年収でいえば真ん中は6番目と7番目になるので、数値は同じ３００万円になる。

平均値は５５０万円だが実際には最多層でもないし、そもそも５５０万円の年収の人は存在しない。であれば、この会社の「ふつう」の年収は中央値の３００万円としたほうが妥当なのだ。

ただ、すべての数値を足して総数で割る平均値は、どうしても極端な数字に引っ張られがちだ。たとえば、80歳が１人、50歳が１人、25歳が３人という小さな会社では、最多層が25歳なのに平均年齢は41歳になってしまう。これは「80」という数字が大きく影響を及ぼすからだ。

一方、中央値はというと80、50、25、25、25と並べて中間をとる。極端な数値の影響を回避できるため、実際の印象とのギャップが少ないというわけだ。

このように、中央値は適正な位置を知るのに役立つのである。

平均値との違いを理解しておけば、この手の数字のトリックに引っかからずにすむので覚えておいて損はないだろう。

グラフにほどこされた「演出」からその〝思惑〟を見抜く

「累計」にすると販売実績が上がる不思議

ビジネスパーソンの悲しい性なのか、「右肩下がり」と聞くと「不景気」とか「顧客離れ」「衰退期」などのネガティブな連想をしてしまいがちだ。

だが、そのような心理は企業としても同じで、広告などにはじつに都合のいい販売実績のグラフが掲載されていたりする。

よくありがちなのが、「売上げ急増中！」「前年比なんと2倍」などのコピーとともに、その商品の売上げ高のグラフが掲載された広告だ。

そこに掲載されている棒グラフの伸びは、たしかに前年の2倍になっていて、これだけを見れば今年になって人気に火がついたのだろうと誰もが思うはずだ。

だが、そこに前年の販売実績の数値がなく、伸び率だけが強調されていたら、実際にはどれだけの数が売れているのかはわからない。

もし、前年の販売数が100個だったとしたら、単純に200個売れば「前年比2倍」になる。じつは消費者には気づかれないように、重要な部分が意図的に隠されているグラフは意外と少なくないのだ。

また、実際には販売数は右肩下がりなのに、毎年販売数が伸びているようにグラフをつくることもできなくはない。累計で記載すればいいからだ。

たとえば、2009年に200個、2010年に150個、2011年に100個、2012年に50個が売れたとしよう。

この数字だけを見れば、毎年販売数が減っていて明らかに右肩下がりである。

だが、これを累計にしてグラフにすると、2009年は200個、2010年は350個、2011年は450個…と、右肩上がりのグラフをつくることができる。

そして、グラフの隅に「販売数は累計です」と小さくただし書きを入れておけば、一応問題ないということになる。

売れている、あるいは多くの消費者に選ばれているということをアピールするために、グラフは〝ウソではない範囲〟でつくられていることもあるのだ。

「変化率のグラフ」の裏には知られたくない本音がある

グラフにすると大きな誤解を生む

ある一定の期間ごとに、数値がどれくらい動いたかを知るのに便利なのが「変化率」だ。企業の株価が、どのように変化しているのかを示すために用いられたりもする。

だが、じつはこの変化率をグラフにすると、それを見た人にとんでもない錯覚を起こさせることがある。

それは、変化率はひとつ前の数値を基準にしてプラスになったか、あるいはマイナスになったかを算出するからだ。

たとえば、２００１年に1株あたり年平均１０００円だった銘柄があるとしよう。それが２００２年に１５００円になると、変化率はプラス50パーセントである。

ところが、株が上がったと喜んだのもつかの間で、翌年の２００３年には７５０円になった。すると、変化率はマイナス50パーセントとなる。

さらに、翌年２００４年に１１２５円に上がったら、またプラス50パーセントになる。そして２００５年に５６２円に下がったら、またマイナス50パーセントということになる。

そこで、これを横軸が「０」になったグラフに表すと、毎年交互にプラス50とマイナス50の座標が記入されていくことになるので、見る人には「プラスマイナス０」という印象を与えることになる。

しかし、実際には最初１０００円だった株価は５６２円にまで下がっているのだから、通算すると完全にマイナスである。同じ率で上がったり下がったりすれば、必ずその数値は下がっていくのだ。

このように、変化率はグラフにすると大きな誤解を生んでしまうことがあるので、変化率のデータは表で示したり、実際の価格の推移を重ねて表示したりするのだ。

もしそのような配慮がなく、変化率のみを示したグラフがあったら、何か裏の意図があるのではないかと疑ってみたほうがいいだろう。

範囲の設定を変えるだけで、思いどおりのグラフになる

強調させたいところをピックアップする

プレゼンや新聞記事などで、ある事柄についてわかりやすく説明したり、説得力を持たせたりするために用いられるのがグラフだ。

しかし、そのグラフは全体のごく一部でしかないことが多い。それを鵜呑みにしてしまうと、ある意味、ダマされてしまうことにもなりかねないのだ。

とくに相対的なグラフは、どこを基点にしているかによって見方がまったく異なるので注意が必要だ。

たとえば、ある店舗の1か月の売上げをグラフにしてみたとしよう。

1日～10日までは売上げが順調に伸びているために右肩上がりになっており、10日～20日まではほぼ同じくらいの売上げが続くためになだらかな線が続く。20日～

30日までは売上げが減っているので右肩下がりになっている。

このグラフを、1日~10日、10日~20日、20日~30日と、3分割して切り取ってみると、まるで印象が異なるだろう。

1日~10日は活気があり、10日~20日は安定した売上げを保っている、20日~30日は停滞したというイメージを抱くのではないだろうか。

このように、どこを基点にしてどの範囲をグラフにして表すかで、見る側のとらえ方はまったく違ったものになる。相対的なグラフを見る場合は、なぜ、そこを基点にしてその範囲を選んだのかという推察が必要になってくるのだ。

うっかり、それがあたかも全体を表現しているような感覚に陥らないよう、作り手の思惑にも注意を払うことが必要だ。

反対に、グラフをつくるときには、強調させたい部分のみをピックアップして見せることで、相手に強烈な印象を与えることもできる。

順調に売り上げていることを見せたいときはその部分のみをグラフにすればいいし、あえて停滞部分をクローズアップさせることで、逆に急激に売上げを伸ばしたことをアピールすることもできるのだ。

Chapter 5

本当の分析力を身につける最強のキーワード

サンプルが偏っては正しい判断が下せない
――ランダムサンプリング

サンプル数が極端に少ないものは信憑性が低い

データを収集する際、調査対象全体を「母集団」、実際に調査をした人や世帯を「標本（サンプル）」というのは前述したとおりだ。正確なデータを得るためには、このサンプルに偏りがないことが大切だ。

ところで、新聞やニュースのアンケート調査では、「無作為に抽出した○人に聞いたデータです」という言葉が目につく。

これは無作為抽出と呼ばれる調査法で、「ランダムサンプリング」ともいう。文字どおり、母集団からランダムにサンプルを選んでいるのだ。ただ、一般的には母集団から30人おきなど一定の間隔で選ぶ「系統抽出」をとることが多い。

しかし、無作為抽出がまったく偏りのない、一般化されたデータかといえばそんなことはない。

母集団が大きくなればなるほど、個人の情報を把握したうえでサンプルを抽出するのは大変な作業になる。そこで、「多段階抽出」という方法をとることがある。多段階抽出とは、何回かに分けてサンプリング作業を行うことだ。

たとえば全国を対象に調べる場合、まず調査をする地域をランダムに抽出し、さらにそこからサンプルをランダムに選ぶといった具合だ。つまり「二段階抽出」だが、場合によってはこれが三段階や四段階になるケースもある。

何段階も抽出したというと何となく綿密な調査を行ったように見えるが、じつは逆だ。抽出の回数が増えるごとにデータの精度は落ちるのである。多段階抽出ではできるだけ偏りが出ないように調整はされているものの、完璧ではないのだ。

また、完全な無作為抽出ではないこともある。たとえば、ある雑誌が行った調査というようなときには、母集団が購読者に限られてしまうからだ。この分析結果を一般的な傾向だとみなしてしまうのは無理があるだろう。

ちなみに、サンプル数があまりに少ないものはデータとしての信用度が低い。調査内容にもよるが、最低でも３００程度はあったほうが望ましいといわれている。

階層的に掘り下げて本質を見極める
――ロジックツリー

原因を広く深く追究する

何か問題が起こって、その原因を論理的に分析しなければならないときに便利なのが「ロジックツリー」である。

ロジックツリーは、よく組織図などでよく使われる組織ツリーと同じ様式で、ひとつの要素からどんどん枝分かれしながら細かい構成要素を示していく。こうすることで、難解で論理的な思考をよりわかりやすく可視化できるのである。

原因を追究するためのＷＨＹツリーや、問題を解決するためのＨＯＷツリー、要素を分解するためのＷＨＡＴツリーなどがあり、たとえば、問題の原因を追究するときにはＷＨＹ（なぜ）を繰り返しながらツリーを描いていき、問題の本質を分析していく。同様に、問題の解決策を探りたいときはＨＯＷ（どうやって）を繰り返しながら解決策へとたどり着いていくというわけだ。

仮に、「製品の売上げが減少している」という問題を、ロジックツリーを活用して分析してみることにしよう。

まず、一番左にある最初のボックスに「製品の売上げが減少している」と書き込む。そして、次の第2階層になぜ減少したのか、その原因と思われる理由を「他社との競争が激化している」、「営業力が弱くなっている」などと、2～3つの要素を枝分かれさせて書き込むのである。そのあとは、「他社が新製品を次々と投入した」「人員不足で顧客へのフォローができてない」といった第2階層への裏づけデータなどを、第3階層に書き込んでツリーを完成させていくのだ。

ロジックツリーを活用するうえで注意したいことは、モレやダブリがないようにして原因を広く深く追求することだ。そのうえで、できるだけ問題の本質に迫れる切り口を見つけて命題をつくっていくといい。

とくに、第2階層は重要なので時間をかけて設定する。ここで漏れやダブリがあったり切り口の方向性を間違えたりすると、分析全体の展開やそこから導かれる結論も違ってくるから十分に検討してみよう。

複数のデータを効率的にひとつの図で表現できる――マトリックス図

総合評価が高いモノがひと目でわかる！

データを表記するときによく使われるのが「マトリックス図」だ。エクセルなどの表組みでも見られるように、行に属する要素と、列に属する要素の組み合わせによって配置した図のことをいう。

こういうとなんだか難しい気がするが、サッカーなどのグループリーグの対戦表などもこの2軸の組み合わせで整理された「L型」のマトリックス図である。

一般的によく使われるL型のマトリックス図だが、対戦表なら縦軸にチーム名、そして横軸にも同じチーム名を入れて配置していき、交差したところに勝敗の結果やスコアを書き込んでいく。

これだと複数のチームの対戦があっても、縦横の交差で結果を探し出すのが容易

◆比較検討や評価に役立つ「マトリックス図」

	機能A	機能B	機能C	合計点	順位
A製品	5	5	0	10	4
B製品	8	3	3	14	3
C製品	9	6	5	20	1
D製品	10	0	5	15	2

同じような機能を持った製品の
優劣が数字で比較できる

だし、またそれぞれの結果を比較して分析がしやすいのである。

仕事では複数の製品を比較検討するときや、人事評価のデータの作成などによく用いられている。

たとえば、製品の仕様を比較したいときには、縦軸（行）の要素を「機能A」、「機能B」、「機能C」といった機能の軸にして、横軸（列）の要素を「A製品」、「B製品」、「C製品」と製品名にする。そして、縦と横軸が交差したところに、それぞれの製品にその機能がついているかいないかの◎や○や×を記入してもいいし、1点から10点までのスコアなどをつけて記入してもいい。

スコアをつけた図の場合は、合計点の項目があれば、どの製品が最も総合評価が高い製品なのかがひと目でわかる。さらに、順位の項目があれば得点の高い順も一目瞭然というわけだ。複数の製品が並んでいても、製品の優劣を容易に比較・分析することが可能なのだ。

ただし、マトリックス図はデータの要素が増えて複雑になると使いこなすのが難しくなってくる。まずは、2行2列や3行3列といった基本的な図から使い方をマスターしていくといいだろう。

「―」「→」「⇔」「＝」「×」記号をうまく使う――相関図

“線”には人や組織の関係が表れる

人間同士や、ある組織の関係を表すときにとても役に立つのが、矢印や線を使った「相関図」である。これを使えば、両者の対立とか協調といった関係性を示したり理解することができる。

たとえば図で示したように、四角で囲ったAとBは対等の関係にあり、実線でつながっていることから「結ばれている」という印象が強くなる。つまり、何らかの提携や同盟、協調の関係にあるといえるだろう。

また、AとBの間に「友人」「恋仲」「同僚」など、具体的にその関係性がわかるキーワードを入れれば、両者がどんな間柄なのかよりわかりやすくなる。これがビジネスであれば、「資本提携」「業務提携」などの言葉が入るだろう。

この線の両端がそれぞれ矢印になっていると、協調というよりは対立やライバル、競合など「反目する関係」にあるといえる。

そして矢印が一方向を示していると、片方がもう一方に対して何らかの思惑を抱いていることを表している。そこで、さらに「尊敬」「憎悪」「片想い」などのキーワードを補うと関係性はより具体的になるはずだ。

また、線の種類によっても関係性の表し方は変わってくる。

たとえば婚姻関係など強い結びつきを示すときは、二重線で表すのが効果的だ。そして関係性が疎遠になれば、両者を点線で結ぶといい。元夫婦、元恋人などの2人を点線で表すと、それを見ただけで「この2人は過去に何かあったんだな……」と、図を見ただけで想像できる。

また、マークを入れることで、関係性がよりわかりやすくなることもある。たとえば恋仲であれば、実線の中央にハートマークを入れれば、ひと目見ただけでわかる。反対に「×」を入れると、「これは仲が悪いんだな」というのがうかがえる。

これらは矢印や二重線でも表現できる。このように相関図には、その〝線〟に人間や組織の関係性がいろいろと詰め込まれているのだ。

◆２者の「協調」や「対立」を表す方法

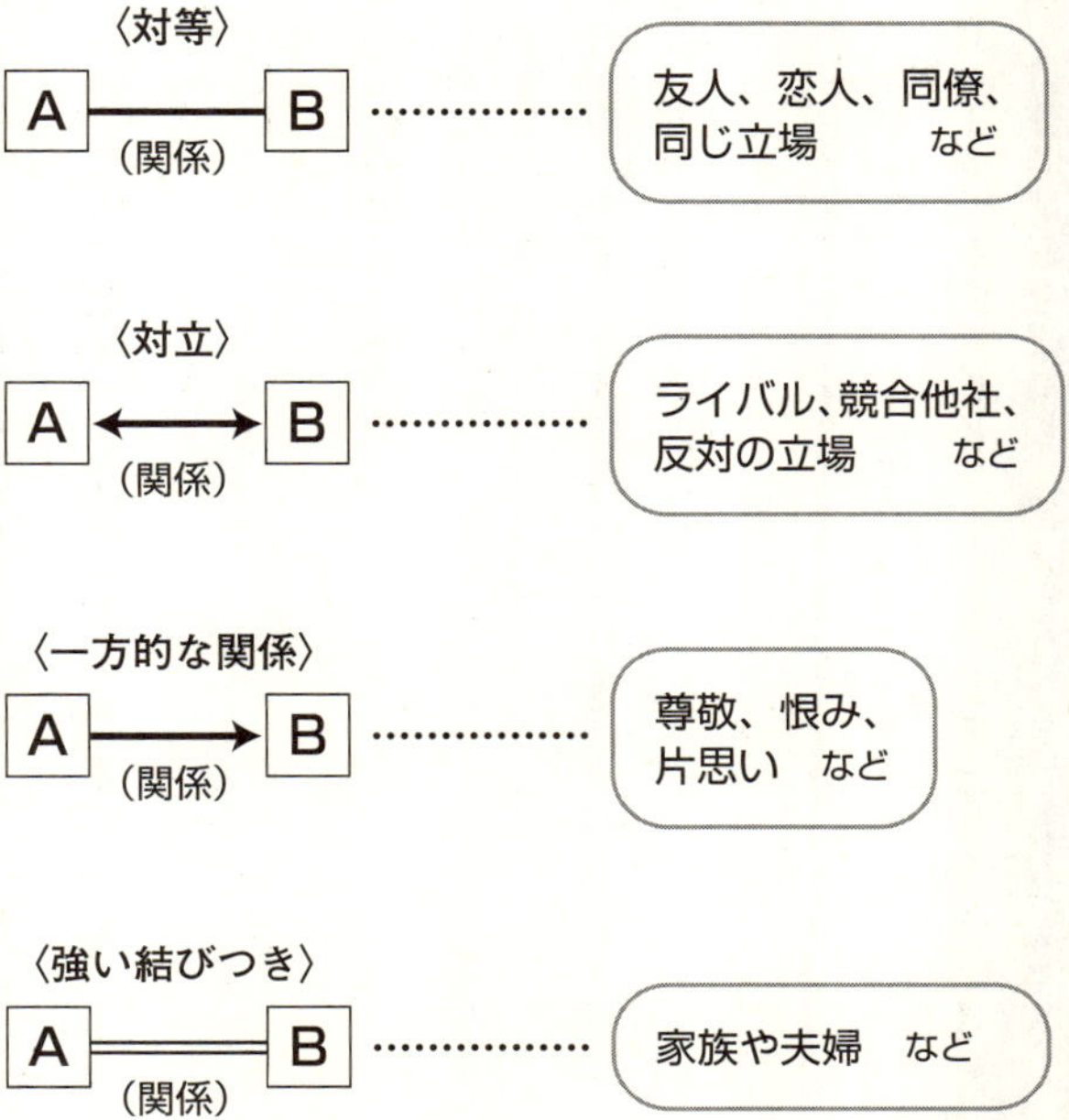

「S字カーブの法則」で大ヒットまでの流れがわかる——イノベーター理論

オピニオンリーダーの取り込みが重要

今では当たり前のように普及しているヒット商品も、発売当初はそれほど知られていない存在であることが多い。

またヒット商品が広く市場に認知されていくときは、その成長曲線は単純な右肩上がりにはならない。最初はゆるやかに推移していくが、そこから急激に上昇し、再びゆるやかになるという「S字カーブ」を描いていくのだ。

このS字カーブの考え方を「イノベーター理論」といい、スタンフォード大学のロジャース教授が提唱している。この理論では、消費者が5つに分類されている。

まずは、2・5パーセントの「イノベーター」と呼ばれる人たちが新製品に飛びつく。その次に、自分で情報を収集し、判断したうえで購入を決める「オピニオン

◆ヒットの流れがわかる「S字カーブの法則」

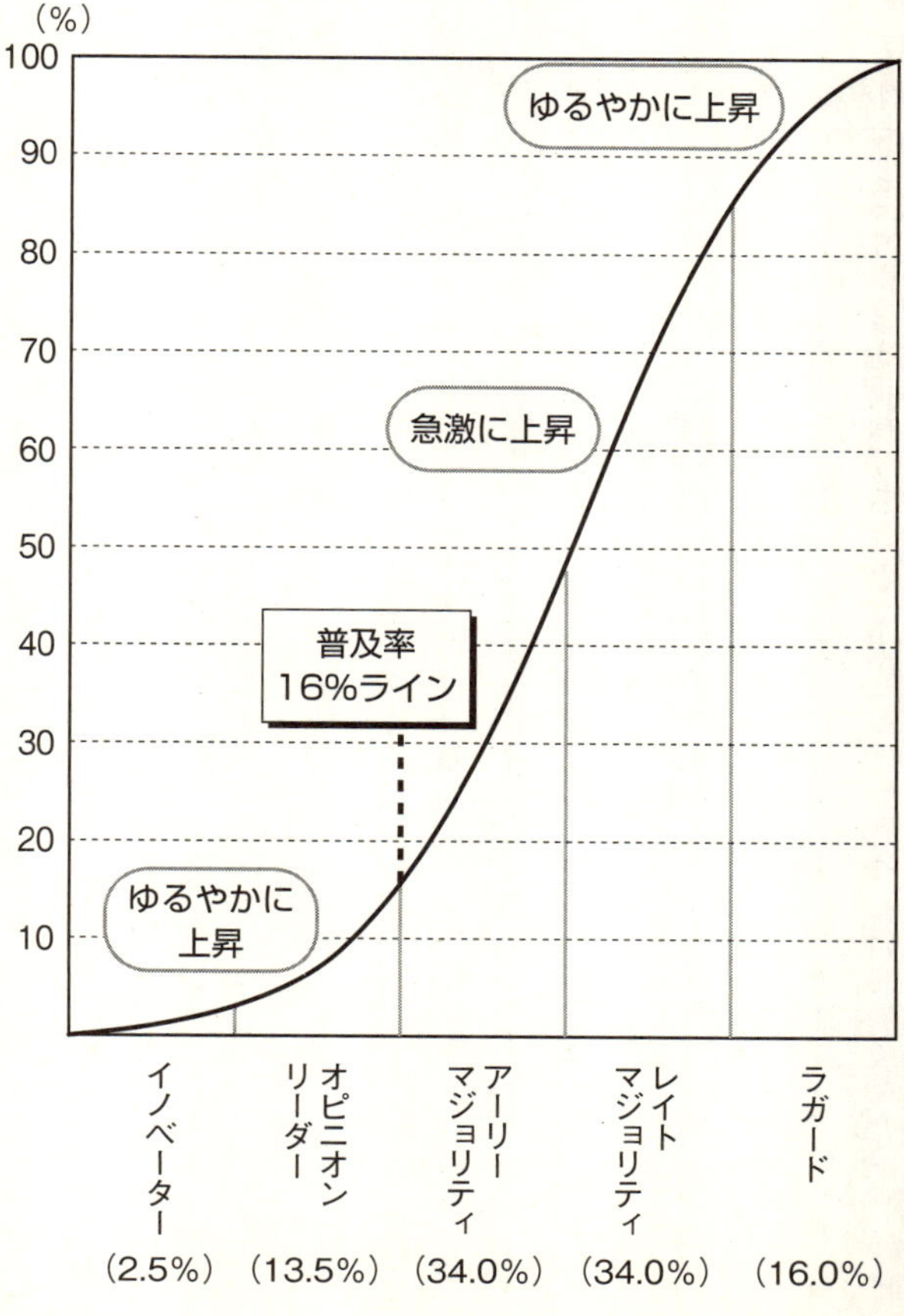

リーダー」が続く。この層は全体の13・5パーセントを占めている。

そのあとに、全体の34パーセントを占める「アーリーマジョリティ」へと購入層が移っていく。オピニオンリーダーよりは購入することに対して慎重にかまえているが、すでに購入した人から評判などを聞いたうえで、買うかどうかを判断する。

次に続くのが「レイトマジョリティ」（34パーセント）だ。この層は情報に対して疑い深く、行動もイノベーターやオピニオンリーダー、アーリーマジョリティに比べて遅い。世間で流行っているのを確認してから購入するタイプだ。

そして最後は16パーセントの「ラガード」だ。革新的なものには目を向けない保守層で、「今さら？」という段階になってようやく購入する。

ちなみにS字カーブはオピニオンリーダーとアーリーマジョリティの境、16パーセントまで普及したところで急激に上昇していく。

そのため、商品をヒットさせるためには、その16パーセントのラインの手前の層であるオピニオンリーダーをいかに取り込むかが重要になってくるのだ。

そしてオピニオンリーダーを取り込んだあとに、コストパフォーマンスを重視するアーリーマジョリティを獲得することで大ヒットへとつなげていくのだ。

同じ場所で長期にわたって観察する——定点観測／時系列観測

常に同じ質問で観察する

「時系列観測」とは聞き慣れない言葉だが、これは長年にわたって同じ項目について調べたものである。この観測によって得られた結果が時系列データとなるのだ。

この時系列データの特徴は、過去から現在まで複数年の動向を見比べられることにあり、ここから読み取れるのはトレンドである。

流行とトレンドはよく混同されがちだが、流行が一過性のもので短期間ですたれてしまうのに対し、トレンドは人々の意識や時代の流れといった、世の中の動向を表したものだといえる。

これは短期の調査では把握できないもので、つまり、本当のトレンドを知るには過去何年間かのデータを分析する必要があるのだ。そして、そのデータが役に立つかどうかは結局、観測の方法にもかかってくるのである。

時系列データで大事なポイントは、同じ場所で調査を続けることだ。これを「定点観測」という。場所が変われば、人の意識や価値観が異なってくる可能性もあるわけで、〝基本〟を同じにしていないと時代ごとに変化する正確なデータをつかむことができないからだ。

また、調査のたびに同じ質問が使われていないと、有効なデータとはいえない。たとえば、「あなたはスマホを持ってもいいと思いますか?」という質問でスタートしたら、最後までこの質問を続けなければいけないのだ。

スマホが普及してきたからといって「あなたはスマホを持ちたいですか?」という能動的な質問に変えたほうが正確な動向がつかめると考えるのは誤りである。

たしかに時代の風潮には合った働きかけかもしれないが、ニュアンスの違いはそのまま答えに影響を与えかねない。つまり、同じ質問を繰り返すことで、はじめて比較可能なデータが完成するのである。

データというと最新のものばかりが重視されがちだが、過去のデータから見えてくることもあるのだ。

Before／Afterで調べてこそ違いが明確になる――プロセス図解

手順やプロセスを見せて納得させる

プレゼンや会議などでは図版を添付した資料を渡されることがある。それを作成したプレゼンターとしては見やすい図版になるような工夫を凝らしたことだろう。

しかし、見た目はそれぞれ違っていても、図版はだいたい6つのパターンに分けられる。表やグラフ、相互図解、プロセス図解、マトリックス、階層図、イラストである。

もちろんどのパターンを選ぶかによって伝えたい内容も変わってくるので、これらの図を巧みに利用できれば資料の内容をサポートしてくれる力強い味方になるだろう。

そこで、Before・Afterとか、提案前・提案後といった図版を見てみよう。これらの図は「プロセス図解」の一種だとみていい。

プロセス図解とは、手順やプロセスなどを示した図である。

たとえば、現状を改善したいという企画があった場合、いきなり改善策を提出しても現状を理解していない読み手は戸惑ってしまう。そこで、現状がどうなっているのか、どこに問題点があるのかなどをBeforeの図版で示すのである。

それを明確にしたうえで、どんな改善をしていきたいのか、改善した結果がどう変わるのかといった具体的な内容をAfterの図で説明するわけだ。

ときにはBefore・Afterという2つだけではなく、途中に何段階かのステップが入っているパターンもあるが、ただステップが増えても意味するところは同じだ。

プロセス図解のメリットは、段階を追って比較することで違いが明確になり、何を提案したいかというコンセプトがはっきりと伝えられる点にある。

もっとも、Before・Afterの変化を伝えたいからといって、何でもかんでもひとつの図版に詰め込もうとすると、かえってゴチャゴチャになってわかりにくくなってしまう恐れがある。

BeforeとAfterを2つに分けることで、より理解しやすい図版になるのだ。

1件の重大事故の裏に300件の異常がある――ハインリッヒの法則

3件のクレームの背後にある900件の不満

重大な事故が起こると、その背景には29件の軽い事故があり、さらにそのウラには300のヒヤリとするような事故（ヒヤリ・ハット）があるといわれる。

これは「ハインリッヒの法則」といい、アメリカの損害保険会社で技術・調査部の副部長をしていたハーバート・ウィリアム・ハインリッヒが、5000件あまりの労働災害から統計学的に導き出したものである。

この法則は、ビジネスにおけるミスやクレームの発生率としても活用されている。

たとえば、1件の大きなクレームがあると、そこには29件の軽いクレーム、そして300件の潜在的な不満があるとされている。

たとえば1万個の商品に、3件のクレームがあったとする。これだと「残り99

97個には異常がない」と思うかもしれないが、このハインリッヒの法則をあてはめれば、3件のクレームの背後には900件の不満が隠れていることになる。

そこで、たとえクレームや事故が1件しかなかったとしても「今回はたまたま」だと軽く考えてはいけない。その裏には、300件の潜在的な不満が存在することを忘れてはならないのだ。

そんなふうに考える習慣をつければ、今後トラブルがあったときにもすんなりと問題意識が芽生えてくる。すると、自発的に改善しようとするのだ。

ただし、これを日常生活に適用するのはいささか問題がある。

たとえば、棚からコップが落ちたとする。ふつうなら「次からは気をつけよう」ですむ問題だが、これに無理矢理ハインリッヒの法則に絡ませると、少々厄介なことになる。

「今回はたまたま1個しか落ちなかったけど、もしかしたら300個のコップが落ちる可能性もあった。今後、どうしたらコップが落ちなくなるか、考えてみよう」

これでは周囲に迷惑をかけることになりかねない。場所と状況をみてから法則を用いるようにしよう。

3つのチェックリストで、次に進むべき道を探る——売上Zチャート

季節変動や売上げ動向がひと目でわかる

扇風機は夏場によく売れるが、冬は当然のことながらほとんど売れない。こうした商品の販売状況が季節によって変化することを「季節変動」といい、図1のように月々の売上げだけをグラフにするとそれが明らかになる。

しかし、これだけでは前年に比べて売上げが好調なのか不調なのかを判断することはできない。そこで役に立つのが、「月々の売上げ」「売上げ累計」「移動年計」の3つのデータを盛り込んだ、図2のようなチャートである。「Z」のような形になることから「Zチャート」と呼ばれている。

まず②の「売上げ累計」だが、これは月々の売上げを累計していったもので、前月までの累計に当月の売上げを加えていく。もし月々の売上げが一定であれば、直

線の角度は45度になる。そして1月時点では、月々の売上げと売上げ累計は同じなので①と②は必ず同じ数値になる。

また「移動年計」は、その月の売上げに過去11カ月分のデータを加えた、直近1年間の累計データを指している。

その移動年計の右端（図2の12月）は、その年の1月から12月までの合計売上げを表しており、②と③の数値も合致するのだ。

この、Zチャートは大きく3つのパターンに分かれており、それぞれの形から売上げ傾向を把握することができる。

たとえば移動年計が横ばいだと、売上げに変化がないことを示しているが、その結果、形が整った「Z」のグラフになるのだ。

前年と比べて売上げが伸びているときは、移動年計は右肩上がりになり、反対に前年と比較して売上げが落ちているときは右下がりになる。

Zチャート最大の魅力は、毎月の売上げ累計と月別の売上げによる季節変動、そして移動年計による売上高の動向がひと目でわかる点にある。このため、このデータから事業の方向性を模索することもできるのだ。

◆3つのデータがひと目でわかる「売上げZチャート」

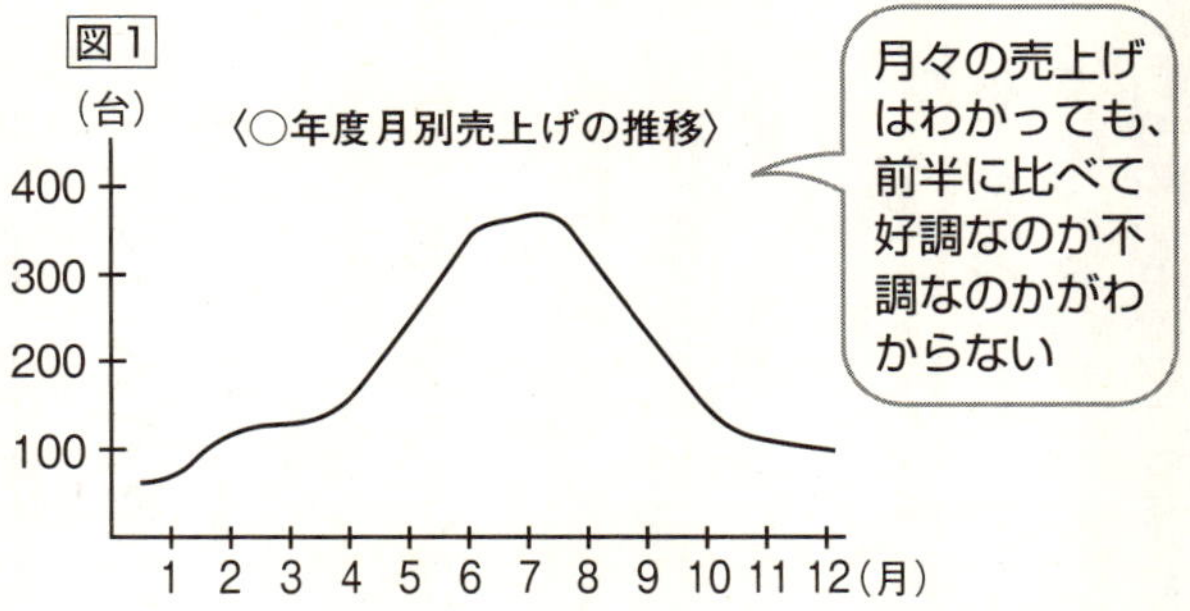

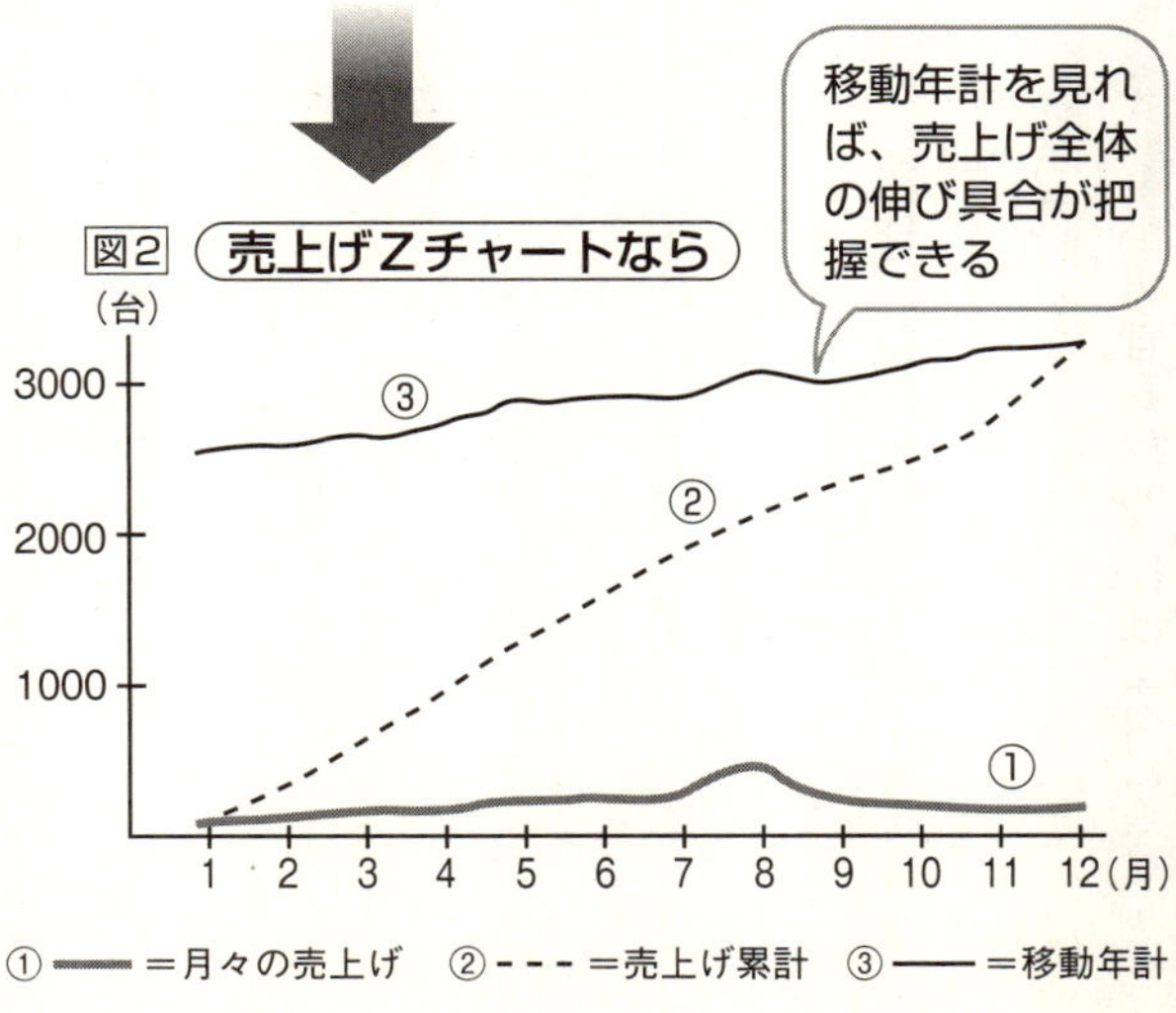

金額は小さくても勢いのある商品がわかる ——ファンチャート

基準をどこにするかで落ち込みと伸びが変わる

ある時点の数値を１００パーセントとして、その後の数値の変動をパーセンテージで表した折れ線グラフを「ファンチャート」という。

おもに複数の値の変動を図で表すときに使い、グラフが扇（ｆａｎ）で広げたような形になりやすいので、ファンチャートという名がついた。左端を起点にして増加しているものは右上に、減少しているものは右下へと進んでいく。

図１のような単純な売上げグラフだと、金額が小さい項目Ｂの売上げの伸びは、どうしてもわかりづらくなってしまう。実際には売上げが伸びているのだが、図１のグラフではそれを見落としてしまう可能性がある。

だが、図２のようなファンチャート形式なら、項目Ｂの売上げは順調に推移して

◆売上げの推移がわかりやすい「ファンチャート」

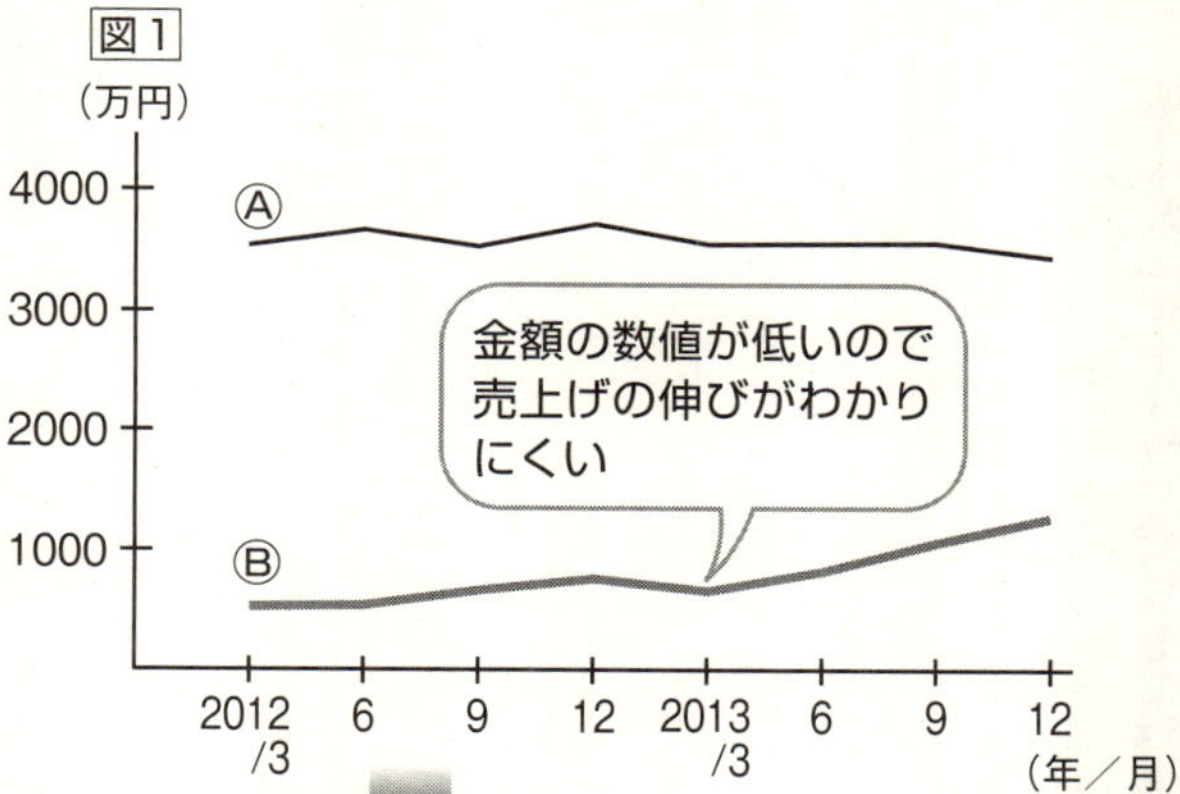

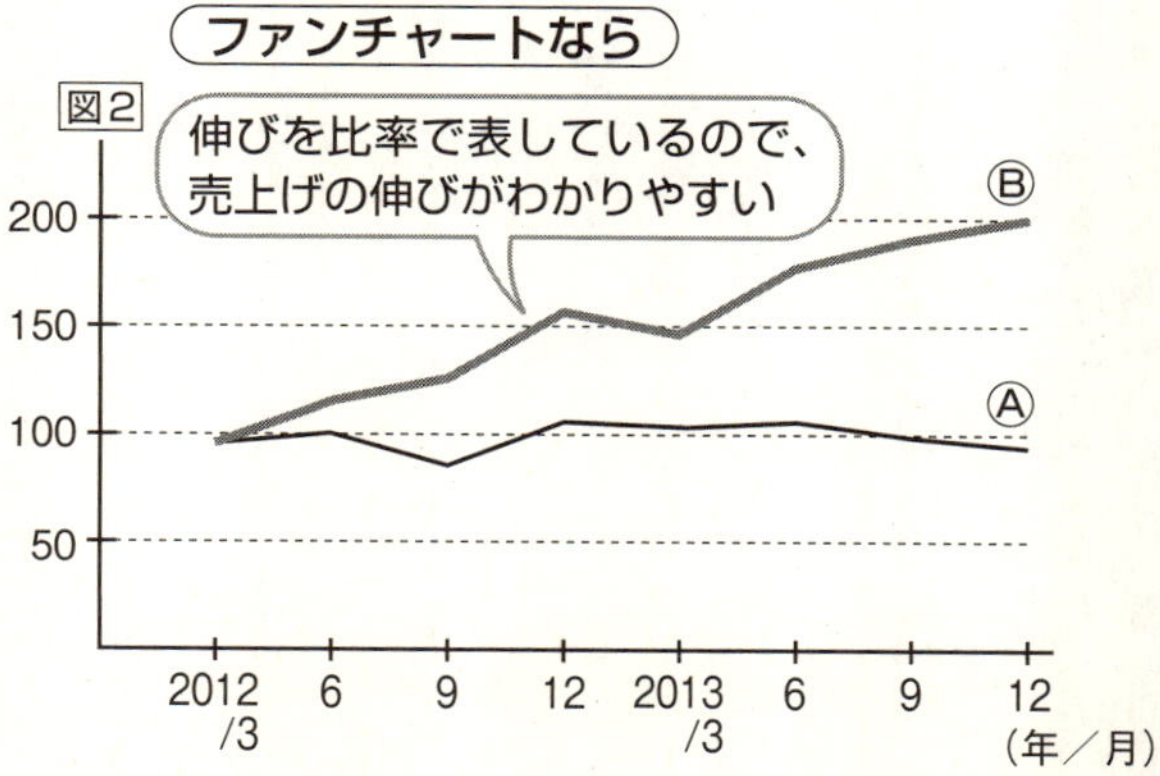

いるのがわかる。もし、Bのような商品を積極的に売り出したいなら、ファンチャート形式でPRするといいだろう。

逆に項目Aは、図1では項目Bのはるか上を推移しているが、ファンチャートだとほぼ横ばいに推移している。これは項目Aの売上げ高はBより高いが、伸びはそうでもないことを示している。

つまり、売れているからといって慢心せず、ファンチャートで横ばいか右肩下がり状態だったら改善の余地があるということだ。

ところで、ファンチャートではどれくらいの期間のデータを収集すればいいのだろうか。

たとえば、季節によって変動しやすい商品なら、季節変動も考慮して2年以上の数値を盛り込むのが望ましいとされている。

ちなみに、ファンチャートを作成するうえで注意したいのが、基準点をどの月にするかだ。仮に売上げが悪い月を基準にすると、落ち込みや成長の幅が極端になってしまう。一方、売上げが好調な月を基準にすれば、逆に落ち込んだり伸びたときの幅が小さく見えてしまうので注意すべきだ。

26・1％のシェアをとるだけで業界トップになれる――ランチェスターの法則

市場からの撤退の目安にする

多くの経営者が研究し、自分の会社の経営戦略に取り入れているものに「ランチェスターの法則」がある。

これは、もともと戦闘行為における弱者が強者に勝つための戦い方のルールのことだったが、これを「競争の法則」と考え、企業の競争戦略として体系化したものである。とくに資本力など物量的に大企業と大きな格差のある中小企業が、新製品の開発や販売ネットワークづくりの戦力として参考にしている面も多い。

そのランチェスターの法則の中で最もよく知られている数字が、市場占拠率の下限目標値であり、市場に影響力を持つために目指すべき市場シェアの下限である26・1パーセントである。

物があふれ、商品やサービスが充実している現代では、ひとつのマーケットに企業が競合しており、26・1パーセント以上のシェアを獲得している事例は少ない。しかし26・1パーセントのシェアを超えると、業界のトップリーダーとして認知されるようになるのだ。

いかにしてそのナンバーワンになるか、ということを漠然と考えてもなかなかアイデアは出てこないが、この26・1パーセントのシェアを獲得するということを考えると戦略も立てやすいというものだ。

たとえば、すべての年齢層の女性の26・1パーセントを獲得することは難しくとも、ターゲットや地域を絞ることで、30代の女性の26・1パーセントとか、全国ではなく、地元の26・1パーセントを狙う、というように考えると戦略がぐんと立てやすくなる。

ちなみに、これを〝撤退の目安〟にすることも考えられる。たとえばある商品で、他社が75パーセントのシェアを取っているならば、現実的に26・1パーセントを狙うことは難しい。傷口を広げないうちに市場から撤退することを考えてもいいだろう。

バランスよく関係し合う仕組み
――サテライト型フレームワーク

戦略をたてるときの強力な武器

「フレームワーク」とは、いわば「思考の枠組み」とか「考え方の方程式」のことだ。つまり、ある物事に対する考えをまとめるにあたって、「型」に当てはめることで効率的に知的生産性を向上させるツールのことである。

そのフレームワークは６つにパターン化されるが、その中で「サテライト型」のフレームワークとは、その名のとおり、衛星のように周囲に複数の要素が配置され、均衡を保っている状態のものをいう。

けっして、ある特定の要素が強いとか、お互いに主従関係があるわけではなく、おのおのは対等な関係で、ひとつとして欠けることのない状態がこのサテライト型のフレームワークの特徴なのである。

このサテライト型はまた、独立した要素が3つあるいはそれ以上あり、前述したように主従関係はなく対等な関係で均衡を保っている。太陽を中心にして惑星同士が均衡を保って回っている姿をイメージするとわかりやすいだろう。

動かしがたい、お互いに同じ力で引っ張り合う関係性がサテライト型の特徴であり、ひとつもはずせない重要な要素のもとで相互関係を示しているのだ。

さらにサテライト型は、それぞれの要素を直線で結んで表される。通常、要素が3つの場合は、三角形のコーナーごとにおのおのの要素を配置する。

ちなみに、このサテライト型の有名なフレームワークには、企業戦略の基本となる三本柱を表す「3C分析」や、事業戦略を3つの方向性から考える「デルタモデル」などがある。

いずれも戦略系フレームワークの基本ともいえるもので、環境分析の手法のひとつであるSWOT分析や、事業戦略の有効性や改善の方向を探るバリューチェーンなどほかのフレームワークと組み合わせて使うことも多い。いわば、戦略系に最適なフレームワークといっていいだろう。

平均値からは見えてこない その集団内の格差を見極める――散布図

平均の裏に隠された真実を見極めるには

たとえば、ＡクラスとＢクラスでテストを行った結果、どちらも平均点は70点だったとする。では、平均点が同じだから、２つのクラスの学力レベルは同じとはいえないというのは前述のとおり。

たとえば１００点、90点、50点、40点と高い点数と低い点数がバラバラだった場合でも平均点が70点になるときがあるし、80点、75点、65点、60点と平均点と同じくらいの点数をとっていた場合でも70点になることもある。

平均の裏に隠された実態を見極めるには「散布図」を見ればわかる。散布図とは、データの広がりの様子を表したものだ。そこで、ＡクラスとＢクラスのテストの結果を散布図に表してみるとしよう。縦軸を点数、横軸を人数として図の中にプロット（打点）を加えると、次のような形ができあがる。

Ａクラスはプロットが上下左右に広がり、一方のＢクラスは図の中央付近に集まる。これが意味していることとはこうだ。

Ａクラスの場合は、点数がまちまちのために大きく左右に広がった形になった。一方のＢクラスの場合は、平均点に近い点数をとっている人が多いためにＡクラスほど広がっていない。

つまり、同じ平均点でも、Ａクラスには成績の優秀な人とそうでない人が混在しており、Ｂクラスはだいたい同じくらいのレベルの人がそろっているということが読み取れる。平均点が同じだからといって、すべての人がその平均点に近い点数をとっているとは限らないのである。

たとえば、平均月収が同じA社とB社を分析する場合にも、この散布図を見てみるといい。散布図の幅が広ければ月収の開きが大きいということになり、反対に幅が狭ければ、だいたいみなが同じくらいの月収をもらっていることがわかる。

平均という言葉に惑わされず、実態を知りたいと思ったら散布図を大いに活用するといいだろう。

◆平均からは見えてこない事実がわかる「散布図」

テスト結果	点	100	90	80	70	60	50	40	30	20	10	0	平均点
	Aクラス	7(人)	9	5	2	2	1	2	3	2	2	0	70点
	Bクラス	3(人)	5	6	6	7	6	2	0	0	0	0	70点

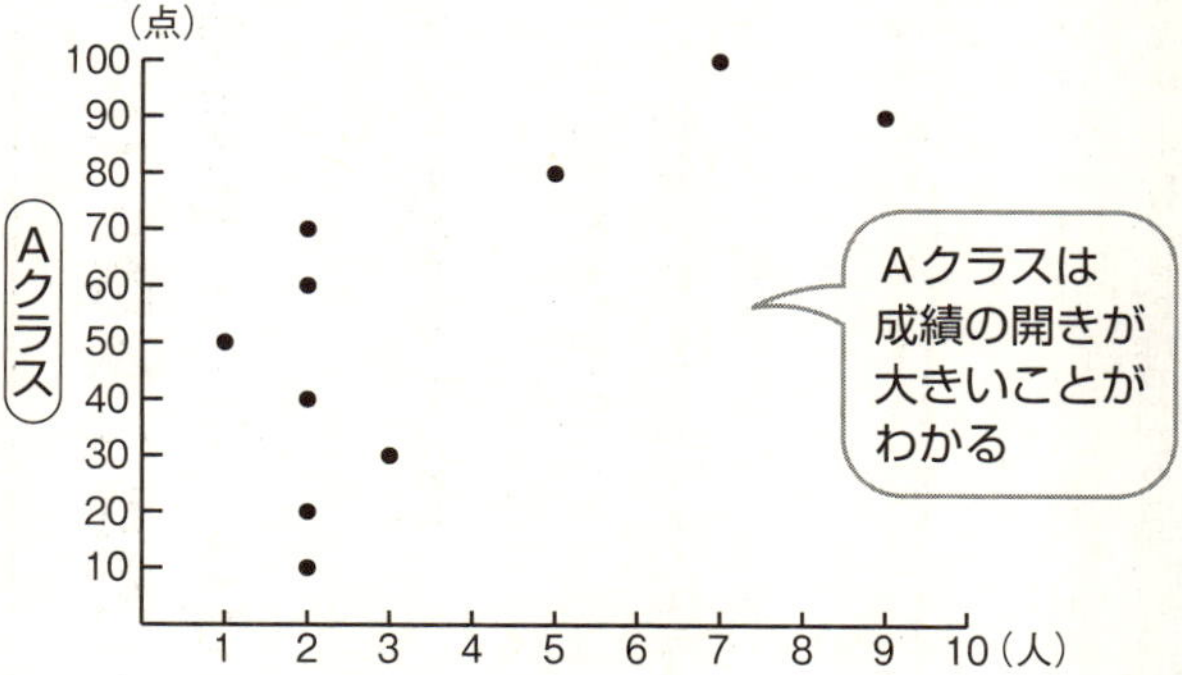

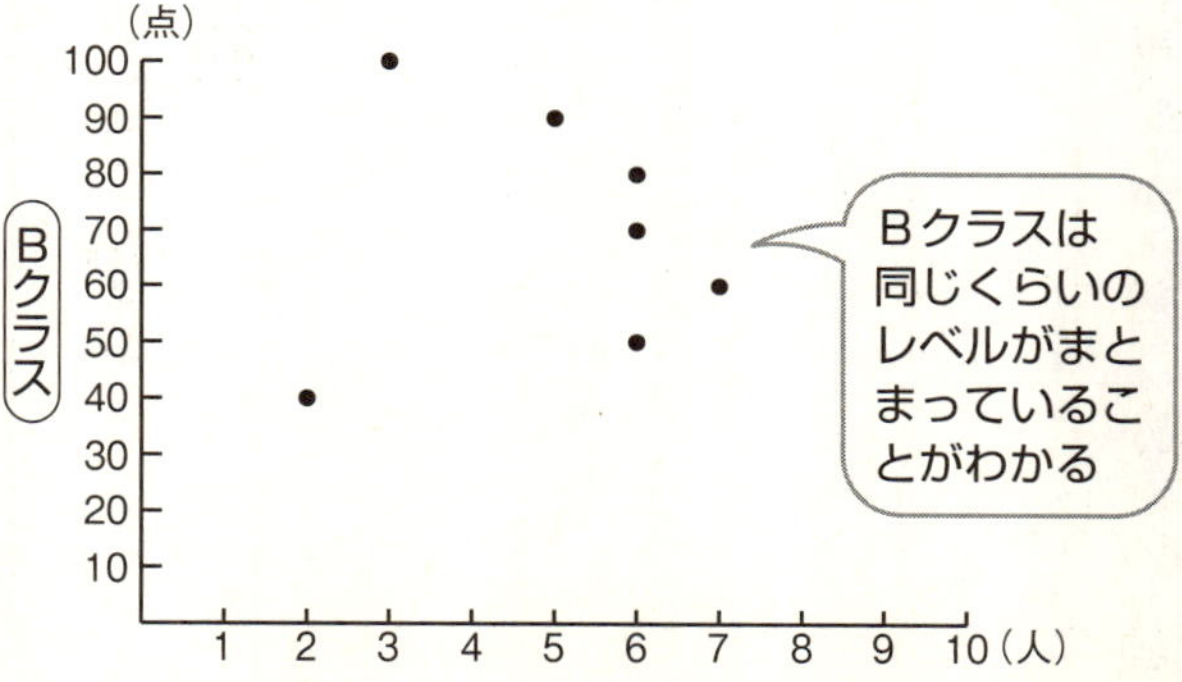

現状（As is）とあるべき姿（To be）から問題を発見する——ギャップ分析

スタートは現状を正しく把握することから

困っている問題があるのに、何をどう改善したらいいのかさっぱりわからないときがある。そういうときに活用してほしいのが「ギャップ分析」である。

ギャップ分析とは、現状（As is）とあるべき姿（To be）の差異、つまりギャップを明確にすることで問題を解決していく手法のことである。

たとえば、自分ではできる限りの努力をしているはずなのに売上げがなかなか伸びないとしたら、本当にやれるだけのことをしているのか、現状を正しく把握することから始めるのだ。

現在の売上げが毎月約１００万円、自分が担当しているおもな取引先が3社、売上げの内訳が製品Aが5割、製品Bが3割、そして製品Cが1割、その他が1割……などと、データや状況をできるだけ具体的に明らかにしていくのである。

次に、あるべき姿、つまり目標をはっきりさせる。ただ、漠然と売上げアップをめざすのではなく、たとえば毎月の売上げ目標を150万円、おもな取引先を5社に増やす…などと、より具体的なデータをつくって〝理想〟を描いていくのである。

こうして現状とあるべき姿を比較することで、そこに現れたギャップが明確になる。このギャップを埋めて理想の状態に近づけていくことが問題解決につながるわけだ。この例の場合だと、目標の売上げまであと50万円足らず、主な取引先も2社増やす必要がある。

あとは、そのためのアクションをどう起こせばいいかを考えていけばいい。

現状では売上げの1割しか占めない製品Cだが、高価格の製品だから新規開拓によって取引先にもっと積極的に売り込んでみようなどと、ギャップ分析による効果的な改善策や修正点などが見えてくるはずである。

むやみに問題解決を焦ってもいったいどこに問題があるのかわからないこともある。まずは現実と理想のギャップを洗い出し、どうすれば理想に近づくことができるかを考えてみるといいだろう。

バラバラに見えるデータから共通項をあぶり出す――親和図法

多種多様な情報から似たもの同士をグルーピングして問題を見つける

いくら情報やデータが豊富にあっても、それらが未整理のままでは何の意味も持たない。しかし上手に整理や分析さえできれば、膨大な情報やデータの中から重要な問題や思いがけない新しいアイデアが見つかることが多い。

では一見、関連性がないようにもみえるさまざまな情報をどうやって分析すればいいのか。それには「親和図法」を使って情報をグルーピングしていくことをおススメしたい。

親和図法とは、それぞれの情報を親和性に基づいて寄せ集めていくことで、それらの情報に隠された共通項をあぶり出し、問題の原因分析に役立てたり新しいアイデアの発見につなげる手法である。

親和性というとわかりにくいかもしれないが、つまりは類似した情報同士を集めてグループ化すればいいだけだ。そうして情報が類似しているもの同士でいくつかのグループに分け、そのグループにふさわしいタイトルをつける。必要があれば全体像が見えるまでそのレベルをあげていきグルーピングを進めていくのだ。

そして、この作業で完成した親和図を使って、各グループ間の関連性を検討しながら分析していく。そうすると、情報を整理する前には見えてこなかった問題の本質や共通の課題などが明らかになってくるのである。

たとえば、社内改革のためのアンケート結果が大量にあるとして、その中には「会議の時間が長い」「各部署のコミュニケーションが足りない」「人員不足」「節約意識に欠ける」など、とりとめないものが多くても、これらを〝似た者同士〟で集約して分析していくと、じつは「組織が効率的に稼動していない」という根本的な問題が浮き上がってくることもある。

上手に親和図法を活用するポイントは、どのような観点でグルーピングするか、的確でわかりやすいタイトルづけをすることだ。グルーピングとタイトルしだいで、結論も違ってくるのである。

■参考文献

『数字力の教科書』（久保憂希也／大和書房）、『情報を捨てる技術』（諏訪邦夫／講談社）、『〈知のノウハウ〉観察力をつける』（小川明／日本経済新聞社）、『ゼロから学ぶ統計解析』（小寺平治／講談社）、『調査データにだまされない法』（渡辺久哲／創元社）、『購買心理を読み解く統計学　実例で見る心理・調査データ28』（豊田秀樹編著／東京図書）、『消費者行動論―購買心理からニューロマーケティングまで―』（守口剛、竹村和久編著／八千代出版）、『知識ゼロでもわかる統計学　はじめよう！　統計学超入門』（松原望／技術評論社）、『「それ、根拠あるの？」と言わせない データ・統計分析ができる本』（柏木吉基／日本実業出版社）、『ビジネス・フレームワーク』（堀公俊／日本経済新聞出版社）、『データ分析できない社員はいらない』（平井明夫、石飛朋哉／クロスメディア・パブリッシング）、『中学数学でわかる　統計の授業』（涌井良幸、涌井貞美／日本実業出版）、『大人の論理力を鍛える本』（西村克己／青春出版社）、『図解　ツキの法則「賭け方」と「勝敗」の科学』（谷岡一郎／PHP研究所）、『頭がよくなる「図解思考」の技術』（永田豊志／中経出版）、『池上彰の情報力』（池上彰／ダイヤモンド社）、『ウォールストリート・ジャーナル式　図解表現のルール』（ドナ・M・ウォン著、村井瑞枝訳／かんき出版）、『1時間でわかる　図解ビックデータ早わかり』（大河原克行／中経出版）、『疑う力』（西田活裕／PHP研究所）、『会社を変える分析の力』（河本薫／講談社）、『統計グラフのウラ・オモテ　初歩から学ぶグラフの「読み書き」』（上田尚一／講談社）、『統計数字を読み解くセンス　当確はなぜすぐにわかるのか？』（青木繁伸／化学同人）、『明日からつかえるシンプル統計学 ～身近な事例でするする身につく最低限の知識とコツ』（柏木吉基／評論社）、『仕事の能力が面白いほど身につく本』（西村克己／中経出版）、『プレジデント　2005.5.30、2008.7.14、2010.5.31、』（プレジデント社）、『日経 Associé　2010.4.6、2013.10』（日系BP社）、『週刊ダイヤモンド　2008.6.7』（ダイヤモンド社）、日本経済新聞、朝日新聞、読売新聞、夕刊フジ、日刊ゲンダイ、ほか

●ホームページ

GLOBIS．JP、帝国データバンクHP、マイナビニュース、日経ビジネス、ほか

青春文庫

データの裏《うら》が見《み》えてくる「分析力《ぶんせきりょく》」超入門《ちょうにゅうもん》

2013年12月20日　第1刷

編　者　おもしろ経済学会《けいざいがっかい》
発行者　小澤源太郎
責任編集　株式会社プライム涌光
発行所　株式会社青春出版社

〒162-0056　東京都新宿区若松町 12-1
電話 03-3203-2850（編集部）
03-3207-1916（営業部）
振替番号　00190-7-98602

印刷／大日本印刷
製本／ナショナル製本
ISBN 978-4-413-09588-4

万一、落丁、乱丁がありました節は、お取りかえします。

ほんとうのあなたに出逢う　青春文庫

知らなきゃ損する65項
保険と年金の怖い話

このままでは、いざという時、
お金がない！　――病気も事故も
老後の暮らしもゼッタイ安心の方法

長尾義弘

(SE-568)

結果がどんどん出る
「超」メモ術

営業ツール、就活ノート、レシピ帳にも！

記憶容量200%、アイデア創出、
情報集計&分析…これらすべて、
ノートが勝手にやってしまいます！

中公竹義

(SE-569)

この一冊で
「考える力」と「話す力」が
面白いほど身につく！

頭の中を「スッキリ」整理して
伝えるツボがぎっしり!!

知的生活追跡班［編］

(SE-570)

この一冊で
「読む力」と「書く力」が
面白いほど身につく！

情報を「サクッ」と入手して
使うコツがぎっしり!!

知的生活追跡班［編］

(SE-571)

ほんとうのあなたに出逢う ◆ 青春文庫

知らなきゃ損する！「NISA」㊤入門

話題の少額投資非課税制度、そのポイントとは？ 押さえておきたい情報だけをこの1冊に。

藤川 太［監修］

(SE-585)

この一冊で「伝える力」と「学ぶ力」が面白いほど身につく！

人の気持ちを「グッ」と引きつけるワザがぎっしり!!

知的生活追跡班［編］

(SE-586)

「その関係」はあなたが思うほど悪くない

人づきあいがラクになる「禅」の教え

「人」から離れるのは難しい。でも「悩み」から離れることはできる。

枡野俊明

(SE-587)

データの裏が見えてくる「分析力」超入門

こういう「モノの見方」があったなんて！ 仕事で差がつく！ 世の中の仕組みがわかる！ ビッグデータ時代の最強ツール！

おもしろ経済学会［編］

(SE-588)